Association Littéraire et Artistique internationale

Fondée en 1878 par VICTOR HUGO

BULLETIN N° 9   8ᵉ SÉRIE.   JANVIER 1900.

21ᴹᴱ CONGRÈS (HEIDELBERG)

DU 23 AU 30 SEPTEMBRE 1899

Sous le protectorat de S. A. R. le Grand-Duc de Bade

COMPTE RENDU DES SÉANCES

PREMIÈRE SÉANCE. — 23 septembre.

ONZE HEURES DU MATIN. — INAUGURATION.

La séance solennelle d'inauguration est ouverte à onze heures du matin dans l'aula de l'université d'Heidelberg, sous la présidence d'honneur de :

Son Excellence le Conseiller intime actuel, prof. Dʳ Kuno Fischer.

L'Oberburgmeister de la ville d'Heidelberg, Dʳ Karl Wilckens. Le comité d'honneur est composé de :

Sa Magnificence le Prorecteur de l'Université, prof. Dʳ Oshtoft

M. Schember, président « des Lawgerichts »;

M. Pfister, Geheimer Regierungsrath;

Dʳ Helm, Vorsitzender des Anwaltvereins;

M. Eisenmann, avocat.

Au début de la séance, le « Heidelberger Liederkranz », sous la direction de M. le musikdlrector Carl Weidt, a exécuté, avec un talent de premier ordre, le psaume 23 de Franz Schubert.

Puis M. le baron de Marshall, délégué officiel du gouvernement grand-ducal badois, a adressé en ces termes ses souhaits de bienvenue aux congressistes :

Très honorable Assemblée,

Le gouvernement grand-ducal m'a confié la haute mission de saluer, lors de l'ouverture de ses séances, le Congrès de l'Association littéraire et artistique internationale et d'exprimer sa satisfaction de ce que l'Association a élu pour sa session de cette année la ville Badoise d'Heidelberg où depuis près de cinq siècles l'antique et vénérable Université de Ruperto-Carola tient si haut le flambeau de la Science.

Vous êtes ici dans l'hospitalière salle des fêtes de l'Université, rassemblés bien réellement sous le Signe de la Science. Grâce aux grands progrès de la Science qui ont permis de franchir les rivières et les abîmes qui naguère séparaient les nations et de remporter chaque jour des victoires sur les éléments séparateurs, dans le temps et dans l'espace, le commerce des peuples a pris des développements imprévus, plus les peuples et les individus se sont rapprochés les uns des autres, et plus sont devenus nombreux leurs points de contact intellectuel, et plus se démontre partout nécessaire la protection de la propriété intellectuelle.

Le Gouvernement grand-ducal, qui témoigne en outre de l'intérêt qu'il prend aux travaux du Congrès par l'envoi d'un membre du ministère de la Justice, des Cultes et de l'Instruction, reconnaît hautement les grands services rendus par l'Association littéraire et artistique internationale pour le développement de cette protection chez les différentes nations et pour la préparation d'une convention internationale, à l'effet d'obtenir cette protection.

L'ordre du jour du Congrès actuel a encore pour objet cette même protection et je forme le vœu que, cette année encore, vos débats apportent des encouragements précieux et féconds pour que la protection de la propriété intellectuelle se développe de plus en plus utile et puissante et qu'elle se généralise parmi les peuples civilisés de la terre.

C'est dans ce sens que le gouvernement grand-ducal souhaite au Congrès une cordiale bienvenue.

Ont pris ensuite la parole :

Sa Magnificence le Prorecteur de l'Université ;
L'Oberburgmeister de la Ville ;
Prof. Dr Alfred Koch, président du Comité local qui s'est exprimé ainsi :

C'est au nom du Comité local que j'ai l'honneur d'être autorisé à saluer le vingt et unième Congrès de l'Association littéraire et artistique internationale. Je voudrais bien supposer qu'un regard jeté sur le programme qui est entre vos mains vous aura convaincu que le Comité local a eu soin de vous offrir, après la partie sérieuse de vos travaux, la récréation qui est si nécessaire pour le corps et l'esprit et qu'offrent en si riche mesure le repos pacifique de nos forêts, les doux appâts de notre mystérieuse vallée. Nous nous sommes également efforcés de vous faciliter l'accès aux grands centres de l'industrie et du commerce voisins de notre ville, et de vous ouvrir en même temps une perspective sur le caractère de l'art allemand.

Si nos efforts n'ont pas été vains, c'est en premier lieu à Son Altesse Royale le grand-duc, l'auguste souverain de ce pays, que nous le devons ; à lui, dont le gouvernement sage et juste a été apprécié et admiré au delà des limites de notre petite patrie, lui qui a si gracieusement manifesté son vif intérêt pour tous les efforts intellectuels, en acceptant le protectorat du Congrès. Nous devons aussi une gratitude profonde au gouvernement grand ducal et à tous les ministères pour leurs encouragements bienveillants, et encore à l'Université—dont les sentiments amicaux ont offert au Congrès cette brillante hospitalité. Nous sommes non moins profondément les obligés des autorités municipales. M. le premier bourgmestre a accepté en personne la présidence d'honneur, avec Son Excellence le conseiller intime Kuno Fischer, cet homme si vénéré dont le nom célèbre illustre notre ville et notre académie. Je voudrais remercier aussi les braves chanteurs du Liederkranz, qui donne à notre fête d'inauguration une si grande et si solennelle beauté.

Mesdames! Messieurs! Vous avez vu flotter dans les rues de notre ville les pavillons arborés pour exprimer à nos chers hôtes les sentiments de vive sympathie de nos concitoyens, et j'espère que vous aurez bien voulu considérer ces témoignages de notre amitié comme des reflets sincères de notre âme. Permettez-moi, au nom du Comité, et comme interprète fidèle de ses vœux, de vous souhaiter la bienvenue dans notre bonne ville de Heidelberg. Soyez les bienvenus!

Cette dernière partie du discours de M. le professeur Koch a été prononcée en langue française.

Le représentant « der Schriftsteller und Journalistenvereine », de Francfort, Karlsruhe et Mannheim a prononcé une allocution très applaudie.

M. Eugène Pouillet, ancien bâtonnier de l'ordre des avocats et président de l'Association littéraire et artistique internationale, leur a répondu par le discours suivant :

« Je veux que mon premier mot soit pour saluer le chef de l'Etat qui nous reçoit aujourd'hui, Son Altesse Royale le grand-duc de Bade, et pour le remercier d'avoir bien voulu se faire représenter par M. le baron de Marshall à la séance d'inauguration du Congrès. Il montre par là l'intérêt qu'il porte aux lettres et aux arts et à ceux qui, comme nous, défendent le droit des auteurs. Il ne fait d'ailleurs en cela que continuer les traditions de ses ancêtres. Nous sommes heureux de placer nos travaux et notre Congrès sous sa haute protection.

« Les paroles de bienvenue que M. le premier bourgmestre vient de nous adresser m'ont profondément touché. Nous savons quel homme considérable il est dans l'Etat, et ses paroles ont pour nous un prix inestimable. Nous sommes reconnaissants et fiers de l'hospitalité grandiose que nous offre la ville d'Heidelberg. En voyant ses rues pavoisées en l'honneur du Congrès, nous sentons le poids de la dette de reconnaissance que nous contractons envers elle. Les travaux du Congrès lui prouveront, je l'espère, que nous sommes dignes de son accueil.

« A M. le recteur de l'Université, dont le nom est vénéré dans tout l'empire et qui veut bien mettre à la disposition du Congrès cette salle magnifique où fut célébré en 1886 le cinq centième anniversaire de la fondation de l'Université, je dirai simplement : merci, du fond du cœur. Notre gratitude est d'autant plus grande que je sais que l'Université, justement fière de son indépendance et de ses privilèges, accorde rarement la faveur exceptionnelle qui nous est faite aujourd'hui.

« M. le docteur Fischer, l'illustre professeur de l'Université, a accepté d'être président d'honneur du Congrès ; il veut bien nous prêter un rayon de sa gloire, dont le reflet sera désormais pour nous comme une auréole.

« La presse a tenu à nous apporter son salut cordial ; je lui en témoigne toute ma gratitude. La presse est la plus grande puissance du monde moderne. On ne peut rien sans elle ; on ne peut rien contre elle. Elle est comme le levier dont parle Archimède ; appuyée sur l'opinion publique, elle soulève le monde. Son concours nous est précieux. Les journalistes sont d'ailleurs des hommes de lettres au même titre que les autres, et en défendant les droits de la propriété littéraire nous défendons leurs droits.

« Je remercie le comité d'organisation de toute la peine qu'il a prise pour donner à notre Congrès l'éclat qu'il mérite et pour marquer chacune des journées de notre séjour ici par une excursion ou par une fête. Il s'est même montré prodigue à cet égard et, si j'osais, je lui en ferais un reproche ; car, au milieu de tous ces plaisirs, que deviendra le travail ? Le seul fait pour nous d'être invités à tenir notre Congrès à Heidelberg suffisait à assurer notre reconnaissance à ceux qui nous ont invités et nous offrent l'hospitalité. Heidelberg, s'offrant elle-même à notre admiration, était, à elle seule, la plus belle des fêtes, fête des yeux et fête de l'esprit.

« Fête des yeux, car, de la terrasse de son château et des hauteurs qui l'environnent, la vue s'étend au loin sur les vallées du Neckar et du Rhin jusqu'au Taunus et la forêt Noire. Où pourrait-on trouver un plus vaste horizon, un panorama plus splendide ?

« Fête de l'esprit ! car l'Université d'Heidelberg, cinq fois séculaire, tient encore dans sa main le flambeau de la science, dont elle projette la lumière sur le monde entier. Certes, ce dut être un beau jour, quand, le 18 octobre 1386, Heidelberg, à l'imitation des Universités de Paris et de Prague, ouvrit les portes de la science aux étudiants accourus en foule à son appel de tous les points de la terre.

« On a conservé les noms des professeurs qui inaugurèrent les cours. Ces noms, célèbres alors sans doute, sont aujourd'hui tombés dans l'oubli ; mais, en dépit des siècles qui ont passé sur elle, l'Université d'Heidelberg est toujours jeune de gloire et d'immortalité.

« Au nom de l'Association littéraire et artistique internationale, je salue l'Université d'Heidelberg.

« Je salue en elle la liberté de penser ; Mélanchton, le disciple et l'ami de Luther, le doux et aimable philosophe, fut ici tour à tour élève et professeur.

« Je salue en elle la justice et le droit ; ici ont professé Mohl, auteur d'une histoire du droit public ; Kleiber, qui écrivit l'histoire du droit des gens, et Zacharie, auteur du fameux manuel du droit français, qui, annoté et commenté par les plus grands jurisconsultes de France, reste, après trois quarts de siècle écoulés, l'un des guides les plus sûrs des tribunaux français.

« Je salue en elle la poésie; Voss, l'illustre traducteur d'Homère, de Virgile, de Théocrite, de Tibulle; Brentano et d'Arnim, qui, liés d'amitié, ont écrit en collaboration des poésies charmantes ont été professeurs à Heidelberg, et, si l'on n'en peut dire autant de Schiller et de Gœthe, ils ont du moins puisé dans l'air qui souffle ici quelques unes de leurs inspirations. Schiller a écrit certains de ses ouvrages à Heidelberg même, et Gœthe, déjà vieux, a senti son cœur de poète battre, comme à vingt ans, à la lecture des lettres passionnées que, d'Heidelberg, lui écrivait Bettina.

« Je salue en elle la science : Bunsen, après avoir professé pendant près de quarante années à Heidelberg, s'y est éteint, il y a vingt-deux jours, chargé d'ans, d'honneur et de gloire, et laissant après lui, dans la science, un éternel sillon.

« Un congrès qui s'ouvre à Heidelberg, à l'ombre des souvenirs de cette grande et brillante Université, est sûr de réussir et de porter lui-même des fruits glorieux.

« Pour moi, je ne saurais dire l'impression que j'ai ressentie en voyant Heidelberg ; vous l'avouerai-je, le hasard des voyages ne m'y avait jamais amené et j'y viens pour la première fois. Je la connaissais par les récits qu'en ont faits si souvent les voyageurs et en particulier par la poétique description que nous en donne Victor Hugo dans son livre intitulé le *Rhin*. Mais, me défiant de ces récits enthousiastes, je m'attendais à une désillusion. Je suis venu, j'ai vu et je suis sous le charme.

« En face de ces ruines grandioses, qui attestent la grandeur des comtes Palatins, mes yeux sont demeurés éblouis, et je suis devenu songeur. Quels yeux pourraient ne pas admirer ces merveilles de l'architecture, qui sont comme des poésies sublimes écrites dans la pierre par des artistes incomparables ? Quel esprit pourrait rester indifférent en songeant à ce que fut dans le passé ce château, dont les styles se mêlent sans se confondre, alors qu'il était debout, triomphant et superbe! en prêtant l'oreille, on croit entendre encore le pas des hommes d'armes se promenant dans les salles sonores et le bruit des chansons, on croit voir l'éclat des fêtes et l'apparat de la toute-puissance ; puis, le décor changeant, on revoit les mêlées, les luttes, les batailles, l'épouvante de la guerre, et, en songeant à tout cela, on se demande avec mélancolie comment les hommes, enfants de la même mère, faits pour s'entendre, pour s'unir et s'aimer, peuvent ainsi se déchirer de leurs propres mains et, dans leurs luttes fratricides, en viennent jusqu'à détruire les chefs-d'œuvre de l'art qui devraient pourtant être sacrés pour tous comme le génie qui les a enfantés. Alors, le regard, en se levant sur la façade de ce château saccagé, y aperçoit ces statues, dans lesquelles l'artiste a symbolisé la foi, l'espérance, la justice et l'amour, et ces statues symboliques, se dressant au milieu des ruines, nous apparaissent comme une ironie.

« Ironie du passé, enseignement pour l'avenir !

« Avec le siècle nouveau qui va bientôt commencer, des temps nouveaux vont venir ; à ces temps nouveaux, il faut des idées nouvelles. En face de ces ruines qui nous parlent de guerre, d'iniquités et de haines, parlons à notre tour de justice, de concorde et d'amour.

« C'est dans cet esprit que nous venons aujourd'hui vers vous. Depuis vingt ans, nous avons parcouru le monde en tous sens, défendant la cause de la propriété littéraire, demandant pour elle des droits égaux à ceux de la propriété ordinaire, réclamant, pour l'artiste et l'écrivain, un traitement uniforme dans tous les pays. Nous rêvons une loi internationale qui, prenant l'œuvre à son berceau, la suivrait dans l'univers entier et, abaissant devant elle toutes les frontières, la protégerait partout de la même façon ; nous rêvons, en un mot, une loi universelle qui ferait du poète ce qu'il est en réalité, non plus le citoyen d'un pays, mais le citoyen du monde.

« Et notre but, en rapprochant ainsi les littérateurs et les artistes de tous les pays, en créant entre eux une communauté d'aspirations et d'intérêts, a été de travailler, dans la mesure de nos forces, au rapprochement des hommes et des peuples.

« Victor Hugo, qui fut le premier de nos présidents d'honneur, nous disait en 1878 : De l'alliance des lettres surgira la pacification des âmes. Allez par le monde et fondez la fraternité spirituelle des littérateurs. De cette immense fraternité spirituelle sortira la pacification universelle.

« Et le grand poète ajoutait : « Votre œuvre est grandiose, elle réussira. » Victor Hugo est mort ; mais son ombre plane toujours sur l'association et sa parole est demeurée vivante parmi nous. Nous lui avons docilement obéi. Nous avons été de ville en ville, affirmant le respect dû au droit des auteurs et parlant toujours, comme le voulait Victor Hugo, du droit, de la justice et de la fraternité humaine. Nos efforts, je puis ici nous rendre ce témoignage, n'ont pas été perdus, après tant d'années écoulées. Si je jette un regard en arrière et si je considère le chemin parcouru, je dis avec orgueil : Oui ; notre œuvre est grandiose ; oui, elle a réussi ; le maître, dans la tombe où il dort son éternel sommeil, doit être satisfait de ses apôtres.

« Partout où nous avons passé, les lois sur la propriété littéraire ont progressé ; partout aussi, nous avons laissé derrière nous des amitiés sincères et solides ; nous venons aujourd'hui chercher à Heidelberg de nouveaux progrès et de nouvelles amitiés. Laissez-moi espérer qu'avec votre concours, votre collaboration, notre œuvre grandira encore et s'étendra plus loin. Laissez-moi espérer qu'après huit jours de cordiale intimité, de travaux poursuivis en commun, la main en quelque sorte dans la main, nous laisserons ici en partant, un peu du meilleur de nous-mêmes, et qu'à notre tour, nous emporterons avec nous un peu de votre sympathie, de votre amitié, de votre cœur.

« Mettons-nous donc tous ensemble à l'œuvre, et que les travaux de notre congrès, comme ceux de nos congrès précédents, s'inspirent de cette devise qui est la nôtre : pour le droit, pour la justice, pour l'amour de l'humanité. ».

M. Alexandre CHAUMAT, avocat, délégué de M. le ministre de la justice de France s'est exprimé ainsi :

MESDAMES, MESSIEURS,

Le ministère de la justice du gouvernement français a toujours suivi avec le plus vif intérêt les travaux de l'Association littéraire et artistique internationale, et je suis très heureux d'avoir, une fois de plus, l'occasion de le représenter à ce 21e congrès qui commence aujourd'hui avec tant d'éclat à Heidelberg, dans cette charmante ville qui est, en même temps, un centre intellectuel et universitaire de la plus haute importance.

Je remercie, à mon tour, le comité d'organisation du congrès de sa très aimable hospitalité et vous tous, mesdames et messieurs, aussi bien de votre si gracieux accueil que de l'honneur que vous nous faites en assistant à cette séance solennelle d'inauguration.

Mes remerciements s'adressent en particulier aux éminentes personnes qui viennent de nous souhaiter la bienvenue, et je leur exprime, à mon tour, au nom du ministre que je représente, ses sentiments de la plus cordiale sympathie.

Mesdames et messieurs, en accueillant comme vous le faites, à Heidelberg, le congrès de l'Association littéraire et artistique internationale, vous donnez à tous ses membres le plus précieux des encouragements, et vous contribuerez ainsi au succès des justes revendications que poursuit l'Association avec tout son dévouement et avec la plus louable persévérance.

M. WAUWERMANS, avocat, délégué par le gouvernement belge, a prononcé quelques paroles de salutation.

Puis, le « Heidelberger Liederkranz » a exécuté de la façon la plus brillante le chœur des Prêtres, de l'opéra la *Flûte enchantée*, de W.-A. Mozart.

La séance a été levée à midi et demi.

DEUXIÈME SÉANCE. — 23 septembre.

TROIS HEURES APRÈS-MIDI

Au début de la séance, le secrétaire donne connaissance de la onstitution du bureau et procède à l'appel nominal.
Le Congrès est ainsi constitué :

I

Présidents d'honneur.

Seine Excellenz Wirklicher Geheimrat Prof. Dr. Kuno Fischer.
Oberbürgermeister Dr. Karl Wilckens.

II

Comité d'honneur.

Seine Magnificenz der Prorektor der Universität Prof. Dr. Osthoff.
Schember, Präsident des Grossh. Landgerichts.
Geh. Regierungsrat Pfister, Grossh. Amtsvorstand.
Dr. Helm, Vorsitzender des Anwaltvereins.
Dr. Straub, Regierungsrat.
Ernst Eisenmann, Rechtsanwalt in Paris.
Prof. Dr. von Lilienthal, Dekan der juristischen Fakultät.

III

Comité local.

Ammann, Stadtrat. — Ditteney, Stadtrat. — Ebert, Architekt. — Ehrmann, Stadtbaumeister. — Ellmer, Stadtrat. — Fries, Ingenieur. — Dr. R. Fürst, Rechtsanwalt. — Dr. Holzberg, Direktor. — Dr. Jellinek, Professor. — Dr. Keller, prakt. Arzt. — A. Klein, Apotheker a. D. — Dr. Koch, Professor. — Krall, Stadtrat. — Krastel, Bankdirektor. — Krutina, Oberförster. — Fritz Landfried, Fabrikant. — Ed. Leonhard, Rechtsanwalt. — Dr. G. Meyer, Geheimrat. — Müller, Stadtrat. — Dr. Osthoff, Professor, derz. Prorektor. — Petters, Buchhändler. — Dr. Sütterlin, Professor. — Dr. Walz, Bürgermeister. — Gust. Wolf, Mechaniker.

IV

Bureau du Congrès.

Présidents : MM. E. Pouillet, A. Koch, H. Morel, J. Oppert, G. Baetzmann, Engelhorn.
Vice-présidents : MM. G. Maillard, Eisenmann, Halpérine-Kaminsky, Osterrieth, Wauwermans, Kugelmann.

Secrétaires généraux : MM. Lermina, secrétaire perpétuel
Jean Lobel, secrétaire général adjoint.
Secrétaires : MM. de Clermont, Dorville, Iselin, Röthlisberger,
Vaunois, Rivière.

V

Liste des membres.

Allart (Henri), avocat à la Cour, Paris.
Bartaumieux, architecte, délégué de la Caisse de défense des
Architectes, Paris. — Baz (Gustave), premier secrétaire de la
Légation du Mexique à Paris. — Bielefeld, éditeur, Karlsruhe,
délégué du Deutscher Verlegerverein. — Bornemann, éditeur
de musique, Paris. — Baetzmann, publiciste, Christiania, délégué
du Ministère des Cultes et de l'Instruction publique du gouver-
nement norvégien. — Brockhaus, éditeur, Leipzig.
Chaumat, avocat à la Cour, délégué du Ministère de la Justice,
Paris. — Clère (Jules), homme de lettres, délégué de la Société des
Gens de lettres, Paris. — Clermont (de), avocat à la Cour, Paris.
— Coupri, sculpteur, Paris.
Davrigny, peintre, délégué de la Société des Artistes indépen-
dants, Paris. — Desjardin, avocat à la Cour, délégué du Ministère
de l'Instruction publique, Paris. — Dorville, professeur, délégué
de l'Association polytechnique. — Dieffenbach, éditeur, de la mai-
son d'édition May et fils, Francfort.
Eisenmann, avocat, Paris. — Engelhorn, Präsident des Börsen-
vereins der Deutschen Buchhändler Leipzig.
Fardis, avocat. — Ferrucio-Foa, avocat, délégué de la Società
degli Autori Italiani, Milano. — E. v. Freydorf, Dr. jur., advocat,
Mannheim.
Goubaud, éditeur, Paris, délégué de l'Association de la presse
périodique.
Halpérine-Kaminsky, homme de lettres, Paris.
Iselin, avocat, London.
Kugelmann, imprimeur, Paris, vice-président de l'Association.
Labat, orfèvre, Paris. — Layus, éditeur, délégué du Cercle de
la librairie, Paris. — Lefeuve, compositeur de musique, Paris. —
Lermina (Jules), homme de lettres, secrétaire perpétuel de l'Asso-
ciation littéraire et artistique internationale, Paris.— Lobel (Jean),
secrétaire général adjoint de l'Association, Paris.
Mack, avocat à la Cour, Paris. — G. Maillard, avocat, délégué
du Ministère de l'Instruction publique, — Meyer Bruno, professeur
et délégué de la Société des photographes allemands, Berlin. —
Morel (Henri) directeur du Bureau international de la propriété
intellectuelle, Berne. — Mühlbrecht (Otto) libraire-éditeur, délégué
du Börsenverein der Deutschen Buchhändler, Berlin.
Ollendorf, éditeur, délégué du Cercle de la librairie, Paris. —
Oppert (Jules), professeur, membre de l'Institut de France, Paris.
— Osterrieth, avocat, délégué des « Deutschen Schriftstellerver-
band » et « Verein Berliner Presse ».

Pouillet, avocat à la Cour, président de l'Association littéraire et artistique internationale, Paris. — Pfeiffer, délégué de la Société des compositeurs de musique. — Penso (chevalier), publiciste. — Pesce, ingénieur, conseil de l'ambassade d'Italie, Paris, délégué de la Société des architectes et ingénieurs de Rome. —Poulain, avocat à la Cour. — Poupinel, architecte, délégué du Ministère de l'Instruction publique, Paris.

Rabel, docteur en droit, avocat, Vienne. — Roethlisberger, secrétaire du Bureau international de la propriété intellectuelle, Berne. — Rivière, avocat à la Cour, Paris.

Schlesinger, Dr. jur., avocat, Francfort. — Sicoré, avocat, conseil de l'ambassade d'Italie, Paris. — Soleau, éditeur de bronzes d'art, délégué de la Société des arts décoratifs, Paris.—Souchon (Victor), agent général et délégué de la Société des auteurs, compositeurs et éditeurs de musique, Paris. — Schwier, photographe, délégué de la Société des photographes allemands, à Weimar.

Thieblin, avocat à la Cour, Paris.

Vaunois, avocat à la Cour, délégué de la Société des études historiques, Paris.

., Wauwermans, avocat à la Cour, délégué du gouvernement belge, Bruxelles.

Siègent au bureau : MM. Pouillet, baron de Marschall, Ministerialrat Trefzor, Oberbürgermeister Wilkens, Morel.

La séance est ouverte à trois heures.

La parole est donnée aux délégués des Sociétés représentées au Congrès qui apportent à la ville d'Heidelberg le salut de leur pays et des Associations qui leur ont confié leur mandat.

Puis la discussion est ouverte sur la première question du programme : le Droit moral des auteurs sur leurs œuvres.

(*Voir aux annexes le rapport de M. Georges Maillard*)

M. Georges MAILLARD, au nom des rapporteurs, expose les principes généraux du rapport.

M. MACK donne des explications complémentaires. Pour lui toute la propriété littéraire et artistique se résume dans le droit moral.

M. EISENMANN voudrait qu'on indiquât la nature juridique du droit moral et qu'on sût dans quelle catégorie il faut ranger ce droit. En signalant la théorie de M. Osterrieth, il pense qu'il faudrait préciser que ce droit éminemment personnel ne rentre pas dans la catégorie des droits purement civils, mais qu'il a un certain caractère de droit public, comportant une sanction et une peine.

M. Georges MAILLARD pense qu'il n'appartient pas au Congrès, qui n'est pas un Congrès de jurisconsultes, de se préoccuper de la définition juridique du droit moral. Les rapporteurs se sont d'ailleurs expliqués sur cette question à la page 2 de leur rapport.

M. Lermina désirant appuyer d'exemples les revendications des auteurs, cite celui de *Carmen*. Les héritiers de Bizet ont autorisé dernièrement les impresarios à introduire un combat de taureaux dans la pièce, ce qu'il juge révoltant. Ce que les littérateurs veulent, c'est que l'œuvre, la création de l'auteur ne soit pas modifiée par les héritiers. La partie dont ils héritent, c'est la partie matérielle, mais non pas une partie du cerveau de l'auteur.

M. Iselin fait observer que la communauté a un droit sur une œuvre dès qu'elle est créée. Ainsi une loi anglaise autorise le *Privy Council*, dans les cas où un ouvrage a été supprimé après la mort de l'auteur par ses ayants droits à accorder la reproduction à quiconque la demande. Il y a là une analogie à la faculté de prolonger un brevet. Par une disposition de ce genre on arriverait à supprimer les abus cités par M. Lermina.

Après quelques observations de MM. Pesce, Rivière et Foà, la discussion générale est close.

M. Georges Maillard passe à la proposition *A* du rapport en observant qu'il ne s'agit pas seulement de réprimer les appropriations directes, pour ainsi dire banales de la qualité d'auteur, mais aussi des appropriations indirectes et déguisées.

M. Jules Clère fait une objection contre le terme « mérite de l'œuvre » qu'il trouve trop vague.

M. Mack propose la formule « contre quiconque s'attribuerait cette qualité ».

M. Foa propose la formule « contre quiconque y porte atteinte ». La proposition *A* est adoptée.

M. Georges Maillard passe à la proposition *B*, premier alinéa.

M. Jules Clère se déclare d'accord avec les rapporteurs sur le fond de la proposition. Il fait cependant observer qu'il serait plus utile d'ajouter au terme « reproduire » le mot « publier ».

M. Desjardin s'associe à la proposition de M. J. Clère.

M. Maillard rappelle qu'à la page 5 se trouve la définition du terme « reproduction ».

M. Pouillet fait remarquer que c'est la définition adoptée autrefois par la Société des Gens de Lettres.

M. Georges Maillard pense que déjà la première publication de l'œuvre constitue une reproduction.

M. Jules Clère se déclare satisfait.

M. Desjardin objecte que toute publication n'est pas une reproduction. Il vaudrait mieux remplacer le terme « reproduction » par une énumération.

M. Osterrieth pense qu'il est au contraire désirable d'éviter l'énumération de différents actes et qu'il faut maintenir le terme « reproduction. »

M. Eisenmann croit qu'on peut attribuer au mot « reproduction » le sens que lui donnent les rapporteurs.

M. Desjardin se déclare satisfait.

M. Jules Clère. — A la Société des Gens de Lettres on entend par « reproduction » le contraire de « production » ; tous les sociétaires comprendraient le terme « reproduction » dans ce sens.

M. Foa a dit que le mot italien « reproduire » a le sens que les rapporteurs donnent au mot « reproduction ».

M. Pesce propose d'ajouter « et exécution ».

M. Desjardin fait observer que toute matérialisation d'une œuvre non encore publiée est une « reproduction ».

M. Halpérine-Kaminski demande si la représentation est comprise dans le terme « reproduction ».
On répond que oui.

M. Davrigny voudrait prendre la défense d'une catégorie d'artistes, des interprètes, des acteurs ou chanteurs, en ce qui concerne la reproduction de la voix par le phonographe. Il voudrait que l'interprète fût considérée, dès lors, comme auteur.

Le président déclare que c'est une proposition très intéressante et qu'on la discutera plus tard. Il met au voix la proposition B (premier paragraphe). La proposition est adoptée. La proposition de M. Pesce est rejetée.

M. le Président lit les télégrammes et lettres d'excuse adressées au Congrès par :

MM. Van Zuylen, président perpétuel de l'Association, à la Haye;
Louis Ratisbonne, président perpétuel de l'Association, à Paris;
Gustave Diercks, président perpétuel de l'Association, à Berlin;
Senigallia, de Naples;
Pellegrini, de Turin;
Charles Lucas, architecte, de Paris;
Mlle Mac-Kerlie, de Dublin.

La séance est levée à cinq heures.

TROISIÈME SÉANCE. — Lundi 25 septembre.

La séance est ouverte à neuf heures et demie, sous la présidence de M. Pouillet.

Lecture est donnée par le président d'un télégramme de Mgr le grand-duc de Bade, attestant l'intérêt que son Altesse daigne prendre aux travaux du Congrès. Le télégramme s'est croisé avec celui envoyé par M. Pouillet, pour assurer Mgr le grand-duc de Bade de notre respectueuse gratitude.

Ce télégramme est ainsi conçu :

> A *Monsieur le président* POUILLET *du congrès de la propriété littéraire et artistique à Heidelberg.*

Je vous prie de vouloir transmettre l'expression de ma vive reconnaissance aux membres du congrès de m'avoir adressé de si aimables paroles à l'occasion de sa réunion.

FRIEDRICH, grand-duc de Bade.

M. POUILLET déplore qu'une place reste pour la première fois inoccupée : la mort a ravi notre confrère M. Bataille à la sympathie de tous ceux qui l'ont connu .

M. le baron MARSHALL remercie le congrès de l'avoir nommé président. La dette de reconnaissance déjà contractée envers lui montre de quel côté doivent être les remerciments.

Ces remerciments, sont multiples : M. Pouillet les adresse à M. le bourgmestre de la ville de Heidelberg, à M. le professeur Koch, à tous ceux qui nous ont fait l'accueil le plus empressé et le plus cordial.

M. BAETZMAN, délégué de S. M. le Roi de Norvège, présente ses lettres de créance. Dans une allocution fort applaudie, il retrace la carrière de l'association et nous donne l'espoir qu'à la prochaine conférence diplomatique, son gouvernement adhérera pleinement aux modifications apportées à l'acte de Berne.

Au nom de M. le ministre de l'instruction publique de France, M. DESJARDIN salue ses confrères du congrès.

L'on aborde les questions à l'ordre du jour.

M. le rapporteur MAILLARD traite le deuxième point de la question B : les créanciers ont-ils le droit de saisir l'œuvre de leur débiteur ? Non, répond énergiquement M. Maillard : C'est là un droit attaché à sa personne, dont il ne peut, sous aucun prétexte, être exproprié.

Tel n'est pas l'avis de M. LERMINA, qui voit dans cette disposition une spoliation à l'égard des créanciers.

Combattue par M. RIVIÈRE, la théorie de M. Lermina trouve des partisans auprès de MM. FOA et OSTERRIETH. Ce dernier donne à ce propos connaissance du nouveau projet de loi allemande.

M. RATEL, tout en approuvant le principe énoncé au rapport, fait des réserves sur les mesures pratiques.

M. BAETZMAN, ayant proposé d'écarter le paragraphe en question et de rattacher l'alinéa 1 de la deuxième proposition à la troisième proposition, une discussion animée s'engage à laquelle prennent part MM. DESJARDIN, MACK, FOA, CLÈRE. Ce dernier, faisant observer que la suppression du paragraphe visé devrait être interprétée comme laissant la question entière et non comme la résolvant dans tel ou tel sens.

M. MAILLARD s'étant rallié dans ces conditions au retrait demandé, par 22 voix, le paragraphe II de la deuxième proposition est purement supprimé. La résolution subsistante est donc celle-ci : L'œuvre ne peut être reproduite, sous une forme quelconque, sans le consentement de l'auteur.

La troisième proposition est votée sans discussion, à l'unanimité.

M. MAILLARD développe la quatrième proposition : l'œuvre, protégée du vivant de l'auteur, doit l'être après sa mort contre les tiers, y compris ses héritiers et ses exécuteurs testamentaires. Ce sera la mission des tribunaux.

M. OSTERRIETH élève deux objections contre ce système ; une objection spéculative : la possession posthume relève du droit moral ; or, celui-ci s'éteint avec l'auteur ; une objection pratique : il est dangereux d'ériger les tribunaux en aréopages littéraires ou scientifiques.

M. OPPERT est plus radical : n'admettant pas le droit moral du vivant de l'auteur, il le repousse *a fortiori* après la mort de celui-ci. Il permet aux héritiers de transformer l'œuvre comme bon leur semble.

M. LERMINA riposte en montrant par des exemples historiques les dangers de la défiguration et du travestissement d'une œuvre par des héritiers passionnés, ignares ou malavisés.

M. PESCE demande quelques changements dans la rédaction

Après quelques observations de M. OSTERRIETH, et de M. le chevalier PENSO, de M. PFEIFFER, qui abonde dans le sens de M. Lermina pour les productions musicales, M. HALPÉRINE-KAMINSKY proteste contre une prohibition absolue, en montrant que les remaniements sont souvent indispensables, surtout au théâtre.

M. POULAIN, en quelques mots très clairs, résume la question.

Après lui, M. MAILLARD répond aux inquiétudes de M. Kaminsky : il ne s'agit pas d'interdire des remaniements devenus nécessaires, mais bien d'en rendre la mention obligatoire.

Sur le bénéfice de cette observation, la proposition D est votée à l'unanimité.

La motion de M. Pesce, remplacer le mot « dénaturation » par le mot « altération », n'ayant obtenu qu'un suffrage, est repoussée.

Au moment où l'on va se séparer, M. le baron Marshall donne communication d'une dépêche reçue à l'instant de M. le ministre des affaires étrangères du grand-duc de Bade. Son Excellence exprime ses regrets de ne pouvoir assister, comme il le voudrait, aux séances du congrès. M. le baron Marshall restera parmi nous encore aujourd'hui, et nous accompagnera à l'excursion de cet après midi; cette nouvelle est saluée par les plus vifs applaudissements.

A midi, la séance est levée.

QUATRIÈME SÉANCE. — Mardi 26 septembre.

La séance est ouverte à neuf heures un quart sous la présidence de M. Pouillet.

Prennent place au bureau : MM. Morel, Engelhorn et Oppert.

M. OSTERRIETH lit le procès-verbal de la première séance, qui est adopté après une observation de M. Davrigny concernant la protection des artistes-interprètes contre la reproduction au moyen du phonographe.

M. RIVIÈRE lit le procès-verbal de la seconde séance et est félicité par M. le président.

M. BÆTZMANN demande l'insertion, dans le procès-verbal, de la déclaration lue par lui dans la seconde séance.

M. LE PRÉSIDENT souhaite la bienvenue aux deux délégués de la Société des Photographes allemands, MM. le professeur Bruno, Meyer et Schwier. Ce dernier communique à l'Assemblée que la Société qu'il représente vient d'avoir une réunion à Baden (Bade) et qu'elle suit de près les travaux préparatoires pour l'élaboration d'une nouvelle loi allemande concernant la protection des photographies.

M. MEYER publie sur la matière une série d'articles où sont formulées les revendications des photographes. Ces articles seront envoyés au siège de l'Association.

M. BARTAUMIEUX donne connaissance au Congrès d'une lettre de M. Lucas, secrétaire général de la Caisse de défense mutuelle des Architectes, s'excusant de ne pouvoir se rendre à Heidelberg.

M. LE PRÉSIDENT déclare que le regret exprimé par M. Lucas sera partagé par le Congrès.

demande qu'on vote le vœu du présent rapport sans aucune réti-
cence ni pensée restrictive.

Il déclare être un adversaire résolu de tout dépôt, car il
trouve cette formalité inutile, dangereuse et d'une application difficile; du reste, il faut parler de la législation future, non pas de
la législation existante.

M. VAUNOIS explique encore une fois sa manière de voir; dans
plusieurs pays, les tribunaux ont placé en dehors des cadres des
œuvres d'art et de l'application des lois sur les œuvres artistiques
certains objets (armures d'étoffes), qui pourraient encore être protégés à l'abri des lois sur les dessins et modèles, lois qui gardent
dès lors leur utilité. Bien des industriels désirent conserver le
dépôt (*Interruptions : Ils le subissent*) et ne se trompent pas sur
sa portée pratique.

M. LERMINA reprend la question de la signature de l'œuvre; il
combat la théorie d'après laquelle la possibilité d'apposer cette
signature doit dépendre de l'importance de l'œuvre. Quand on
réclame pour les œuvres d'art appliqué le bénéfice de la législation
concernant les œuvres d'art, il faut aussi se soumettre aux obligations qu'entraîne cette protection plus large. Or, tout artiste industriel a droit à sa signature, la non-signature sera donc l'exception,
non la règle et, dès que l'artiste réclame le droit de signer l'œuvre,
ce droit doit lui être accordé. Il doit être clairement établi que les
principes adoptés dans les séances précédentes en vue de consacrer
le droit moral de l'auteur s'étendent également à l'artiste qui crée
une œuvre d'art appliqué.

M. LE PRÉSIDENT fait observer que la déclaration de M. Soleau
sur ce point a été formelle.

M. COUPRI répète qu'étant donné que l'art appliqué est de l'art,
il importe de s'occuper des artistes industriels. De fait, malgré le
désir du fabricant de voir signée l'œuvre, la signature est fort rare.
Et pourtant, puisque le fabricant estampille le moindre motif,
pourquoi ce motif ne serait-il pas également signé par l'artiste?
L'orateur supplie l'Association de prendre en mains la cause des
artistes industriels, les modèles d'art appliqué seraient à protéger
s'ils sont signés.

M. WAUWERMANS peut démontrer par un cas récent le côté
fâcheux et dangereux du dualisme de législations, si cher à M. Vaunois. La maison May et fils, à Francfort, avait acquis du peintre
allemand Fridolin Leiber, le droit d'auteur sur quelques-uns de
ses tableaux et en avait fait faire des chromolithographies qui ont
été contrefaites en France et en Italie. En France, la Cour de
cassation a débouté la demanderesse en appliquant aux chromos,
non pas la législation allemande concernant le droit d'auteur sur
les œuvres des arts figuratifs, mais celle concernant les dessins et
modèles qui exigent un dépôt, non opéré dans l'espèce. L'orateur
critique vivement cet arrêt et ceux qui l'ont précédé; la fausse
interprétation de l'article 14 de la loi allemande du 9 janvier 1876
et celle, non moins erronée, d'après lui, de l'article 4 de la Conven.

tion de Berne. Ce qui est particulièrement incompréhensible, c'est qu'on fit un grief à la demanderesse d'avoir trop vulgarisé ses chromos, tandis que c'est le contrefacteur qui s'en est servi pour des annonces-réclames. M. Wauwermans espère que la Cour de cassation de Rome, qui sera appelée à juger aussi cette affaire, reviendra aux sains principes et accordera la protection à la maison May. En tout cas, il tient à relever le fait que cette contestation d'un droit légitime ne serait pas possible en Belgique où la loi de 1886 a consacré le principe que les œuvres d'art, même appliquées à l'industrie, conservent leur caractère d'œuvres d'art; par là, toute distinction dangereuse et compliquée entre les créations industrielles et les créations artistiques est écartée; une seule et même protection couvre toutes les œuvres d'art.

M. Layus critique les mots : sans que les cessionnaires soient tenus à d'autres formalités que celles *imposées aux auteurs,* ce qui, d'après lui, est inapplicable aux œuvres des arts graphiques, mais il résulte des observations de M. le président et de la discussion sur ce point que la formule est exacte.

Après une observation de M. Bartaumieux, qui n'entend pas que les mots du rapport : « L'art cesse-t-il d'être de l'art lorsqu'il est appliqué à l'industrie, à la décoration, à l'architecture », n'impliquent rien qui puisse amoindrir le caractère des œuvres architecturales considérées comme de vraies œuvres d'art,

On procède au vote sur le vœu proposé par M. Soleau; ce vœu est adopté à l'unanimité.

M. Lermina insiste sur son observation que, d'après le Congrès unanime, la signature de l'œuvre est de droit pour toute œuvre intellectuelle et que, les œuvres d'art appliqué étant rangées parmi les œuvres artistiques, tout ce qui découle du droit moral de l'auteur sera logiquement applicable à ces œuvres; toutefois, il est entendu, après une observation de M. Poulain, que la signature ne constitue pas une condition de protection, et il est pris acte de la déclaration de M. Soleau que, chaque fois que cela sera possible, la signature sera apposée sur l'œuvre.

M. Pesce développe son rapport sur la *Protection des œuvres scientifiques* ; il expose l'historique des revendications que les ingénieurs et architectes italiens ont fait valoir au sujet de la protection de leurs œuvres d'abord au Congrès national de Gênes en 1896, puis aux Congrès de l'Association, tenus en 1897 et en 1898 à Monaco et à Turin.

En présence de l'insuccès de la motion spéciale relative aux ingénieurs, M. Pesce avait repris la question au point de vue plus général de la protection des œuvres scientifiques et le vœu présenté alors fut approuvé à l'unanimité.

M. Pesce résume les desiderata formulés dans son mémoire qu'il n'aurait pas présenté sous sa forme actuelle, s'il avait eu connaissance du travail sur le droit moral soumis au présent Congrès.

Il remercie M. Maillard d'avoir tenu compte des vœux qu'il

avait formulés aux Congrès de Monaco et de Turin, en élargissant le cadre de l'Association et en étendant sa protection à toutes les productions de l'intelligence en faisant observer toutefois qu'il désirerait voir remplacer le mot « production » par celui de « manifestation ».

M. Oppert demande sous quelle forme la protection s'exercerait, par exemple, à l'égard d'une série mathématique ou d'une étymologie ; quant à lui, il se défend contre les plagiaires, en protestant publiquement et en faisant ressortir la paternité de l'idée‛ mais non pas en s'adressant aux juges.

M. Pesce répond que l'Association ayant pour but de poser des principes et non de faire des lois, il pense qu'elle n'a pas à examiner les voies et moyens de réalisation pratique, mais qu'elle doit laisser ce soin aux législateurs de chaque pays.

Ce qu'il demande instamment à l'Association, c'est d'étendre sa protection de la manière la plus générale à toute *œuvre intellectuelle*, à toute *manifestation de la pensée* qui n'a pas encore obtenu de protection légale. Lorsqu'une idée est nouvelle, originale, géniale, elle doit appartenir à l'auteur, bien qu'il soit difficile, dans certains cas — il le reconnaît — de protéger une idée.

On s'engage peu à peu dans des voies nouvelles ; ainsi, un ingénieur civil qui avait élaboré une étude avec plans, sur la distribution des eaux de la ville de Pérouse, a intenté un procès à celle-ci et a réussi à faire condamner à des dommages intérêts l'ingénieur de la ville qui, quelques années plus tard, avait sorti des cartons le premier projet et se l'était approprié dans ses parties essentielles. (M. Oppert : c'est un plagiat !) Il importe de protéger non seulement les architectes, mais aussi les ingénieurs et ensuite aussi les savants.

M. Maillard explique pourquoi le postulat des ingénieurs demandant que la protection s'étende aux travaux scientifiques, par exemple à un tracé de chemin de fer ou au plan d'un pont, n'a pas pu être pris en considération lorsque l'Association a rédigé le projet de loi type, tandis que maintenant où elle examine les principes tutélaires du droit moral, elle est libre d'élargir ses cadres et de demander la protection pour toute création intellectuelle. C'est ce que les rapporteurs sur cette question ont déjà fait en s'inspirant des idées de M. Pesce (v. p. 3 du rapport) et en donnant d'avance satisfaction, au point de vue des principes, au vœu qu'il a émis.

M. le président ayant dûment constaté que le vœu par lequel M. Pesce termine son rapport rentre dans les termes généraux des résolutions votées déjà par l'assemblée au sujet de la protection du droit moral, il est décidé de ne pas procéder à une votation sur ce vœu, lequel se trouve en fait confirmé par la votation antérieure.

La séance est levée à onze heures quarante.

Secrétaire : Ernest Rothlisberger.

CINQUIÈME SÉANCE. — Mardi 26 septembre.

La séance est ouverte à trois heures moins vingt, sous la présidence de M. Pouillet. Secrétaire : M. R. de Clermont.

La parole est à M. Halpérine-Kaminsky qui donne lecture de son rapport sur le projet de la nouvelle loi russe. Il termine en proposant au Congrès le vote du vœu par lequel il conclue son rapport. Ce rapport est ainsi conçu :

LE PROJET DE LA NOUVELLE LOI RUSSE

Rapport de M. E. HALPÉRINE-KAMINSKY, Vice-Président de l'Association littéraire et artistique internationale.

Depuis mes précédents rapports au Congrès d'Anvers, de Dresde et de Monaco, en 1894, 1895 et 1897, et après celui de M. Harmand, présenté au Congrès de Turin en 1898, indiquant les diverses phases franchies en ces dernières années par l'idée de la propriété intellectuelle en Russie, un nouveau fait saillant s'y est produit : la Commission impériale de revision et de rédaction du Code civil a rédigé le projet définitif de la nouvelle loi russe sur le droit d'auteur. J'ai donc à entretenir aujourd'hui les membres du Congrès de Heidelberg de cet important document.

Je l'ai reçu par l'aimable entremise du chancelier, ou secrétaire général, de la Commission, accompagné de cet avis d'envoi :

« La Commission de revision du Code civil, ayant élaboré, en « exécution de l'ordre de Sa Majesté l'Empereur du 29 décem- « bre 1897, un projet de loi concernant le droit d'auteur d'œuvres « tant littéraires qu'artistiques et musicales, le président de la « Commission, secrétaire d'Etat de Sa Majesté, N.-J. Stoya- « novsky, m'a chargé de vous faire tenir deux exemplaires « dudit projet avec l'exposé des motifs.

« Je saisis l'occasion, etc.

« (*Signé*) JULES DE HEPTNER ».

Cette communication, venant après la lettre de M. de Heptner, insérée dans mon rapport au Congrès de Monaco, nous est une nouvelle preuve de l'intérêt que continue à porter la Commission impériale aux travaux désintéressés de notre Association ; ce nous est aussi une invitation de poursuivre notre collaboration à l'œuvre des législateurs russes. Je constate, d'ailleurs, avec reconnaissance que les rédacteurs du projet de loi sur le droit d'auteur ont bien voulu rappeler, dans la préface, que lors de l'élaboration de ce projet, la Commission a surtout tenu compte de cinq avis qui lui sont parvenus : trois venant des corporations compétentes russes, savoir : de la Société des Gens de lettres, de la Société impériale de Musique et de l'Académie impériale des Beaux-Arts ; les deux autres sont : l'examen critique de la loi russe en vigueur fait par la Commission nommée à cet effet par l'Association littéraire et artistique internationale (1) et les remarques de la même Commission sur l'avant-projet qui nous a été communiqué par la Commission impériale en 1897. Enfin, le mémoire russe que j'ai lu devant les auteurs et les éditeurs de Saint-Pétersbourg en 1894, lors de la mission en Russie dont j'ai été chargé par les Sociétés françaises intéressées, est également cité à deux reprises dans l'exposé des motifs du projet en question.

Il n'est pas inutile de constater en passant et sans fausse modestie cette reconnaissance officielle de l'efficacité pratique de nos travaux et de l'autorité dont jouit en la matière notre Association grâce aux éminents jurisconsultes qui la président ou en font partie.

Le projet de la nouvelle loi russe forme, avec son exposé des motifs, un fort volume de deux cents pages d'impression. Aussi, ne saurai-je tenter ici une analyse détaillée de ce travail étendu ; tout au plus pourrai-je en indiquer les principales lignes, en signaler de préférence les articles qui intéressent particulièrement les droits des auteurs étrangers. Au surplus, ce projet, tout en constituant un nouveau progrès dans la voie de la protection de la propriété intellectuelle en Russie, ne se différencie pas sensiblement de l'avant-projet de la même Commission russe, avant projet dont j'ai donné la traduction complète dans mon rapport de 1897, qu'ensuite la Commission nommée par l'Association littéraire et artistique internationale a soigneusement étudié, et ce travail a été rapporté l'année dernière par M. Harmand au Congrès de Turin. Nos observations sur l'avant-projet peuvent donc en majeure partie viser également le projet définitif.

Maintenant dois-je dire « projet définitif » ? Il l'est pour la Commission qui l'a élaboré, mais il n'acquerra son plein effet qu'après l'avis du ministre de la justice d'abord, l'examen et la sanction du Conseil de l'Empire russe ensuite, et enfin l'approbation suprême du souverain. Aussi, voulons-nous espérer qu'avant la promulgation de la nouvelle loi, des améliorations plus conformes à nos justes revendications pourront encore y être apportées.

Quoi qu'il en soit, l'avant-projet avait déjà marqué un grand progrès sur la loi en vigueur, et le projet qui nous est communiqué fait un nouveau pas en avant.

En effet, l'article 2 stipule :

« Tout auteur d'une œuvre littéraire, éditée en Russie ou encore inédite, a le droit exclusif, durant toute sa vie, de l'imprimer et en général de la multiplier par tous les moyens possibles.

(1) Rapporteur, M. Harmand ; membres, MM. Maillard, Jean Lobel et Halpérine-Kaminsky, auxquels fut adjoint le jeune savant russe M. Pilenko.

« Il en est de même pour tout sujet russe ayant édité son œuvre à l'étranger et de ses ayants droit, même si ces derniers étaient des sujets étrangers. Leur droit d'auteur reste intact en Russie ».

Or, si l'on songe que la législation actuelle fait au traducteur une place dans le même article et à côté de l'auteur, tandis que la loi projetée ne la lui donne plus, on s'aperçoit de la distance franchie : le traducteur devient simplement le bénéficiaire des droits que l'auteur consent à lui accorder.

De plus, le deuxième paragraphe de l'article 2, se rapportant exclusivement à « tout sujet russe », indique assez que les mots « tout auteur » du premier paragraphe comprend aussi bien l'auteur étranger que l'auteur russe.

Mais, pourrait-on objecter, le même article contient les termes restrictifs : « œuvre littéraire éditée en Russie », qui excluent de la protection les œuvres étrangères publiées à l'étranger. C'est certain, et sur ce point, comme sur quelques autres, il reste à obtenir des modifications voulues. Seulement, l'article que j'examine n'a plus de rapport avec les dispositions qui règlent le droit à la traduction des auteurs étrangers, droit qui pourra être protégé en vertu d'un paragraphe de l'article 10 du projet :

« Les œuvres éditées simultanément en plusieurs langues sont reconnues comme originales en toutes ces langues. »

On le voit, un auteur étranger qui publierait en même temps son œuvre originale dans son pays, et en Russie une édition en texte russe, aura sur cette dernière autant de droits qu'un auteur russe.

L'exposé des motifs ne laisse aucun doute sur le sens que j'attribue à cet article. Je cite les passages essentiels de l'exposé. Ces extraits vous intéresseront en même temps par les renseignements qu'ils donnent sur l'état d'esprit du législateur russe dans cette importante question du droit à la traduction :

« Il est injuste de laisser toute liberté à quiconque veut traduire une œuvre d'autrui », lit-on entre autre dans l'exposé des motifs de l'article 10. « On doit reconnaître à l'auteur d'une œuvre littéraire le droit exclusif d'en jouir et d'en disposer. La loi actuelle reconnaît, elle aussi, ce principe. Or, si l'on accorde à l'auteur le droit exclusif à son œuvre en général, on ne saurait le déposséder du droit à la traduction qui fait partie de l'ensemble des droits de l'auteur et en découle logiquement. »

Mais, tout en posant ce principe, l'exposé des motifs fait valoir diverses considérations touchant la nécessité pour l'auteur de déclarer qu'il se réserve le droit à la traduction, puis sur la limitation de ce droit au délai de dix ans, etc.

Ensuite, à propos du dernier paragraphe de l'article 10, concernant la publication simultanée d'une œuvre en plusieurs langues, l'exposé des motifs ajoute : « En ce cas, on doit reconnaître l'œuvre comme originale en chacune de ces langues, car la publication simultanée de plusieurs éditions en idiomes différents n'autorisera point de considérer aucune comme une traduction. » Et, commentant l'ensemble de l'article 10, l'exposé conclut : « Ainsi, l'article projeté reconnaît bien à l'auteur le droit exclusif à la traduction, mais sous certaines conditions. Il se rapproche sous ce rapport de la législation allemande (art. 6) et de la législation hongroise (art. 7), et se distingue des lois des pays qui reconnaissent — par exemple la loi belge (art. 12) — le droit à la traduction comme faisant partie intégrante du droit d'auteur sans aucune restriction. »

En somme, cette disposition marque un progrès très important, puisqu'elle permet à l'auteur étranger de sauvegarder, dans une certaine mesure, son droit à la traduction, droit qui n'est aucunement garanti par l'ancienne loi. C'est sur ce point capital qu'ont porté tous nos efforts, et, considérant la formidable opposition à laquelle nous nous sommes heurtés jusqu'ici, nous ne pouvons qu'exprimer la juste satisfaction d'avoir partiellement obtenu gain de cause.

De même, l'article 16 du projet apporte une innovation heureuse touchant la reproduction des œuvres d'étrangers éditées à l'étranger ; elle ne peut plus avoir lieu sans l'autorisation de l'auteur. Cet article vise la reproduction des œuvres étrangères dans les journaux paraissant en Russie en langue française, allemande, etc., soit leur réimpression en volume. Par extension, cet article doit, à mon sens, également s'appliquer au texte qui accompagne les compositions musicales, bien que l'exposé des motifs n'y fasse pas allusion, ou plutôt, parce qu'il n'apporte à la règle aucune restriction. Dans ce cas, l'article 16 acquiert une importance particulière à cause de la fréquence de la réimpression en Russie des partitions de compositeurs étrangers, notes et paroles comprises.

En revanche, la reproduction des œuvres musicales étrangères sans texte n'est pas défendue, comme cela résulte de la non application de l'article 16 à l'article 37 touchant la propriété musicale. L'article 16 n'est pas davantage mentionné dans la partie qui réglemente l'exécution publique des œuvres dramatiques et musicales, en original ou en traduction. Seul, l'exposé des motifs de l'article 37 dit que la reproduction *en volume* des œuvres musicales des étrangers éditées à l'étranger est autorisée et que, par suite, l'article 16 ne saurait être appliqué en ce cas. Mais ni par l'article 37, ni par aucun autre du projet, la question de la représentation publique des œuvres dramatiques ou musicales d'auteurs étrangers et éditées ou représentées à l'étranger n'est tranchée, ni dans le sens de l'autorisation, ni dans celui de la défense.

De même le projet n'applique point l'article 16 à la propriété artistique, et l'exposé des motifs de l'article 52 y afférent ne donne point la raison ni pour ni contre cette omission. La reproduction, ou même la copie directe en plusieurs exemplaires, des œuvres d'art étrangères exécutées à l'étranger est-elle autorisée ou non ? La réponse n'est pas certaine.

Quoi qu'il en soit, ce sont là de graves omissions dans la rédaction du projet de loi, et il y a lieu de s'en inquiéter si l'on veut éviter des interprétations en sens divers.

Quant aux dispositions réglementant les droits des auteurs nationaux, elles se rapprochent suffisamment des lois-types formulées par nos congrès pour nous montrer satisfaits, et cela pour deux raisons : d'abord, le principe du droit moderne en matière de propriété intellectuelle, que nous ne cessons de proclamer et de défendre, y est définitivement adopté; et cette véritable révolution dans le code russe une fois accomplie, — le mot n'est pas trop fort lorsqu'on considère les obstacles surmontés, — on sera fatalement conduit à toutes les conséquences de la nouvelle situation, amené, par la déduction logique de la jurisprudence établie dans la législation intérieure, à accorder des droits égaux à tous les ouvriers d'esprit, nationaux ou étrangers, qu'ils éditent leurs œuvres dans les limites ou hors les limites du territoire russe. Le droit est le droit, et il n'a point de frontières.

Ensuite, la Russie ne pouvait, jusqu'à présent, adhérer à la Convention de Berne précisément par l'impossibilité où elle se trouvait de concéder aux auteurs étrangers plus de droits que ceux dont jouissent les auteurs nationaux en vertu de la loi ancienne. Aujourd'hui, son intention de conclure dans un avenir prochain des conventions internationales ressort si bien du projet de la nouvelle loi que l'article 16 en prévoit spécialement l'effet. L'exposé des motifs fait même expressément valoir cete disposition pour justifier les imperfections de la nouvelle loi au point de vue international. Toutefois, s'il est vrai que la Russie ne pouvait conclure aucune convention littéraire avant d'avoir mis sa législation en harmonie avec celle des autres pays, quelle raison empêche les rédacteurs du projet de suivre aujourd'hui l'exemple des États, comme l'Italie ou l'Espagne, qui, par leur loi intérieure, concèdent aux auteurs étrangers, et à titre de réciprocité, les mêmes droits qu'aux nationaux? J'en ai fait déjà l'observation dans mon rapport au congrès d'Anvers en 1894.

Au fond, le projet que nous examinons est le résultat des compromissions entre le désir de répondre aux justes revendications des étrangers et l'opposition tenace de ceux qui couvrent la spoliation du labeur d'autrui du fallacieux prétexte des nécessités de l'instruction publique. L'exposé des motifs nous montre, d'ailleurs, la commission chargée de la rédaction de ce projet partagée elle-même sur la solution à donner au problème ; j'y vois citée, à l'appui de notre thèse, l'opinion des plus autorisés jurisconsultes russes et jusqu'à mon mémoire, lu en 1894 devant la Société des libraires-éditeurs et la Société des gens de lettres de Saint-Pétersbourg. Et ces éditeurs, je l'ai dit et je le répète, n'ont-ils pas voté, à la suite de cette lecture, le vœu d'adhésion de la Russie à la Convention de Berne? Plus récemment, la Société impériale de musique n'a-t-elle pas demandé à son tour l'égalité de traitement en Russie des compositeurs nationaux et étrangers ?

S'arrêter sur la voie de l'équité, ne pas aller jusqu'au bout d'un principe de droit reconnu, c'est le sûr moyen de mécontenter à la fois l'esprit de justice et celui d'injustice. Aussi, voulons-nous espérer que les hautes institutions législatives de l'Empire russe, qui auront à délibérer définitivement, ne refuseront pas d'examiner nos invariables desiderata.

A la suite des démarches dont j'ai parlé et des vœux formulés à nos congrès, la Commission impériale de rédaction du Code civil a bien voulu nous donner en partie satisfaction. Aujourd'hui que la question se pose à nouveau, et irrévocablement, vous trouverez peut-être utile de faire entendre une fois de plus votre voix. A cet effet, j'ai l'honneur de proposer à votre approbation le vœu suivant :

Le Congrès de Heidelberg,

Se félicitant de ce que le projet de la nouvelle loi russe sur le droit d'auteur se rapproche, en ce qui concerne les nationaux, des lois types établies par les Congrès de l'Association littéraire et artistique internationale ;

Considérant, d'autre part, que la justice, l'intérêt bien entendu, la situation de la Russie comme Etat civilisé, et, surtout, les changements qu'elle introduit dans sa nouvelle loi ne lui permettent plus de méconnaître les principes universellement admis du droit international ;

Emet le vœu :

Que les législateurs russes veuillent bien insérer dans la nouvelle loi des dispositions additionnelles garantissant aux auteurs étrangers, sous condition de réciprocité, la même protection qu'aux nationaux ;

Et renvoie le projet russe à la commission nommée précédemment par l'Association littéraire et artistique à l'effet de l'examiner plus à fond et d'attirer l'attention du Gouvernement sur les remaniements jugées nécessaires.

M. LE PRÉSIDENT demande des éclaircissements sur la durée de la protection accordée à la traduction par la nouvelle loi.

M. HALPÉRINE-KAMINSKY répond que, d'après le paragraphe 2 de l'article 10, l'auteur conserve son droit à la traduction pendant dix ans, à partir de l'édition originale, sous condition de publier la traduction dans un délai de cinq ans, à partir de l'édition originale. Mais si l'œuvre est éditée simultanément en plusieurs langues, elle doit être traitée, en vertu du troisième paragraphe de l'article 10, comme originale en toutes ces langues et bénéficier, par suite, d'une protection de cinquante ans.

M. DESJARDIN propose la suppression des mots « Etat civilisé » dans le texte du vœu soumis au Congrès. Tout le monde est unanime pour cette suppression.

M. SOUCHON fait remarquer que le projet russe est muet sur la protection de la propriété musicale des étrangers, et il en demande la raison au rapporteur.

M. Halpérine-Kaminsky répond que, malgré les démarches faites par la corporation russe la plus autorisée, la Société impériale de musique, le droit des compositeurs étrangers ne fait pas l'objet d'une disposition spéciale. Seul, le texte qui accompagne la partition du compositeur est garantie, en vertu de l'article 16 qui n'autorise pas la reproduction en Russie des œuvres littéraires étrangères; mais cette disposition n'est pas mentionnée dans l'art. 37 règlementant la propriété musicale. L'exposé des motifs de l'article 37 explique l'abstention du projet de loi intérieure de résoudre cette question de droit international par « des nécessités économiques » et « l'intérêt de la société russe » et par le désir de laisser la solution du problème aux arrangements internationaux que la Russie pourrait conclure. Tout ce que les compositeurs étrangers obtiennent jusqu'ici, c'est la protection, en vertu de l'article 2, des droits sur leurs œuvres éditées en Russie, et les éditeurs de musique étrangers la garantie des compositions musicales russes éditées à l'étranger.

M. Pfeiffer demande alors que l'on ajoute dans le texte du vœu présenté par M. Halpérine-Kaminsky, au mot « auteurs » les mots « et compositeurs ».

M. Pesce préférerait : « auteurs de toute nature ».

M. Poulain propose : « auteurs et artistes », ce qui a été finalement adopté.

M. le Président, après ces observations, propose au Congrès le vote du vœu ainsi modifié :

« Le Congrès de Heidelberg, se félicitant de ce que le projet de « la nouvelle loi russe sur le droit d'auteur se rapproche, en ce « qui concerne les nationaux, des lois types établies par les Con- « grès de l'Association littéraire et artistique internationale ;
« Considérant, d'autre part, que la justice, l'intérêt bien « entendu, la situation de la Russie et surtout les changements « qu'elle introduit dans sa nouvelle loi ne lui permettent plus de « méconnaître les principes universellement admis du droit inter- « national,

« Emet le vœu :

« Que les législateurs russes veuillent bien insérer dans la nou- « velle loi des dispositions additionnelles garantissant aux « auteurs et artistes étrangers, sous condition de réciprocité, la « même protection qu'aux nationaux,
« Et renvoie le projet russe à la commission nommée précé- « demment par l'Association littéraire et artistique, à l'effet d'exa- « miner plus à fond et d'attirer l'attention du gouvernement sur « les remaniements jugés nécessaires. »

Le vœu est adopté à l'unanimité.

M. LE PRÉSIDENT donne ensuite la parole à M. Iselin qui expose et développe son rapport sur l'état des travaux préparatoires de la loi anglaise.

M. ISELIN donne un résumé des nouveaux projets de loi anglais sur le copyright. Au printemps de l'année dernière un projet général de codification de la loi anglaise a été introduit à la Chambre des seigneurs par lord Herschell. La Chambre a renvoyé le projet à une commission spéciale, présidée par l'éminent jurisconsulte qui avait introduit le Bill. La commission entendit de nombreuses personnes intéressées et donna ensuite mission à lord Thring, l'un de ses membres, de rédiger deux projets nouveaux, dont l'un concerne la propriété littéraire (y compris la propriété musicale), et l'autre la propriété artistique. Les deux projets furent introduits encore à la Chambre par lord Monkswell, à cause de la mort regrettable du premier introducteur, et lord Monkswell devint le président de la commission nommée à nouveau. La commission tint encore des séances et entendit des personnes intéressées, entre autres le rapporteur qui avait reçu cette honorable mission de la part de l'Association. Le rapporteur avait présenté à la Commission quatre suggestions ; 1º l'insertion dans la loi d'un article semblable à ceux des lois belge et française, assurant aux auteurs étrangers les mêmes droits qu'aux nationaux ; 2º l'insertion d'un article touchant la rétroactivité ; 3º l'adoucissement de l'article qui ordonne la mention de réserve sur toutes les œuvres dramatiques ou musicales, sous peine de déchéance des droits de représentation ou d'exécution ; 4º l'omission des mots *any greater right* dans la loi de 1886. Ces suggestions ont été repoussées par la Commission, à l'exception de la dernière qui avait été signalée par d'autres personnes.

La Commission avait demandé au rapporteur de rédiger un article qui exprimerait les demandes des auteurs étrangers au sujet de la rétroactivité de la Convention de Berne, mais l'article rédigé par le rapporteur n'a pas été accepté. La Commission a fini par faire remanier leur projet littéraire par son auteur lord Thring, qui l'a accompagné d'un exposé de motifs non encore soumis à la Commission. Il ne restait donc au rapporteur qu'à donner un exposé succinct des deux projets existants : le projet littéraire remanié et le projet artistique, sur lequel les discussions du Comité ne sont pas encore closes. D'après le premier, la propriété littéraire et musicale est divisée en trois parties : 1º le copyright, qui comprend les droits de copier, d'abréger, de traduire, de transformer les pièces de théâtre en romans et *vice versa*, de faire des arrangements nouveaux de morceaux musicaux ; 2º le *performing right*, ou droit d'exécution et de représentation ; 3º le *lecturing right* ou droit de répéter les conférences. Tous ces droits subsistent jusqu'à trente ans après la mort de l'auteur, suivant l'avis exprimé par la Commission de 1878, et le second terme de quarante-deux ans qui forme l'une des particularités de la loi existante, disparaît entièrement.

Le *performing right* est sujet à la fâcheuse condition de la mention de réserve obligatoire sous peine de déchéance. Une des particularités du projet est la protection des informations de presse « obtenues spécialement et indépendamment au sujet d'événements qui se sont passés hors des îles britanniques » pendant les dix-huit heures qui en suivent la première production. De semblables provisions existent déjà dans plusieurs des colonies britanniques, notamment en Natal, en Tasmanie, en Nouvelle-Zélande et en Ceylan, et une loi semblable est proposée à l'adoption, à ce moment, aux Indes britanniques. Le projet abolit l'enregistrement des œuvres littéraires et musicales, sauf dans le cas où il est donné des licences spéciales de publication dans le Royaume-Uni ou dans l'une des colonies ou possessions britanniques, d'après l'article 32 du projet, qui a été inséré pour satisfaire aux exigences des éditeurs canadiens, et semble écarter définitivement les difficultés de vieille date qui subsistent au sujet du copyright canadien. D'après cet article, il serait permis à l'auteur de donner à son éditeur une licence spéciale pour le Royaume-Uni ou pour une des colonies, et, dans le cas d'une telle licence, l'importation d'exemplaires d'une autre édition serait défendue. Pour le reste, la loi reste en substance sans changement; mais la loi contient en outre des dispositions au sujet du copyright international, destinées à s'appliquer seulement aux œuvres publiées après l'entrée en vigueur de l'acte, fixée pour le moment au 1er juin 1900. D'après le projet, les œuvres qui seront publiées pour la première fois, après ce moment, dans un des pays de l'Union internationale auront les droits conférés par les lois du Royaume-Uni à l'auteur d'une œuvre y publiée pour la première fois sous des conditions semblables à celles qui se trouvent dans la Convention de Berne. Il est donné aussi au gouvernement de Sa Majesté le pouvoir de concéder sous condition de réciprocité des droits aux auteurs des pays qui n'ont pas adhéré à la Convention.

La rédaction du projet sur la propriété artistique n'étant pas encore définitive, le rapporteur se limite à faire allusion à quelques particularités de la rédaction actuelle. Ainsi, par exemple, la définition de la sculpture est si générale qu'elle devrait satisfaire au vœu formulé par le Congrès sur la proposition de M. Soleau. Les faiseurs de moulage d'après nature sont séparés des sculpteurs, ce qui ne se trouve pas en ce moment dans aucune loi; l'auteur d'une œuvre artistique reçoit son copyright, sans la nécessité de faire un contrat spécial avec son cessionnaire, ce qui a été exigé jusqu'à ce moment. La définition de la reproduction (copy) interdite est étendue d'une telle façon qu'elle comprendrait même la reproduction par le moyen d'un tableau vivant. A l'exception de quelques dispositions qui ont trait aux artistes des Etats-Unis, le projet ne contient aucune allusion aux artistes étrangers, de sorte que ceux-ci resteront sous l'empire des lois existantes. En matière de propriété artistique, l'enregistrement reste obligatoire. Il y a dans tous les projets des dispositions qui concernent la procédure de répression, mais la procédure anglaise est un sujet si particulier que le rapporteur trouve mieux de ne pas y entrer.

Il déclare enfin qu'il n'a pas de vœux à proposer et que son rapport n'est fait qu'à titre de simple communication.

M. Souchon lui demande si la commission des travaux préparatoires a terminé son travail et si c'est son projet définitif.

Le Rapporteur lui répond affirmativement et en même temps donne satisfaction à une question de M. Osterrieth en informant le Congrès que les deux lois en question abrogent presque toutes les autres lois existantes.

M. Rothlisberger fait remarquer qu'il y a une restriction à faire en ce qui concerne le droit de traduction qui n'est pas tout à fait assimilé au droit de reproduction. Au bout de dix ans, s'il n'était pas fait usage de la traduction on pourrait mettre son auteur en demeure de la publier. Les commentaires ne sont pas explicites sur cette question.

M. le Président constate un recul dans ce projet de loi.

M. Morel fait remarquer que ce projet de nouvelle loi anglaise paraît-être en désaccord avec la Convention de Berne en ce qui concerne la mention de réserve, ce qui est confirmé par le rapporteur.

M. Morel propose alors d'étudier la question avec M. Röthlisberger et M. Iselin et d'en rendre compte à l'Association pour examiner ce qu'il y aurait à faire et voir s'il n'y aurait pas lieu d'intervenir.

M. Souchon leur est adjoint pour l'examen de la question.

M. le Président donne la parole à M. Maillard qui proteste énergiquement en son nom et au nom de l'association tout entière contre un article erroné du *Figaro* qui dénature les travaux du congrès et qui prête à M. Maillard des paroles qu'il n'a pas dites.

Tous les membres du Congrès se joignent à M. Maillard et demandent l'envoi d'une lettre de protestation au *Figaro*.

La séance est levée à quatre heures.

SIXIÈME SÉANCE. — Mercredi 27 septembre.

M. Pouillet, président, ouvre la séance à sept heures et demie du matin, en présentant à l'Assemblée M. Boëhm, délégué du ministre de la justice, à Karlsruhe. M. Boëhm prend place au bureau, après avoir été salué par les bravos unanimes de l'Assemblée.

M. Alexis Dorville remplit les fonctions de secrétaire.

M. le Président donne également connaissance d'une lettre à lui adressée par M. le baron Marshall, qui lui fait savoir que S. Exc. M. le ministre des affaires étrangères à Karlsruhe et Mme de Bremer, prient les membres du Congrès et les dames qui les accompagnent de venir prendre le thé chez eux, avant de se rendre au théâtre, jeudi 28 septembre. M. le baron Marshall termine en disant qu'il garde le souvenir précieux des heures qu'il a passées au milieu de l'Association. Cette lettre est accueillie très favorablement par l'Assemblée entière.

M. le Président annonce que M. Chaumat, membre du Congrès, a été pris par la fièvre et obligé de regagner la France. L'Assemblée s'associe aux regrets exprimés par son président au sujet de l'indisposition du délégué du ministre de la justice.

Le procès-verbal de la première séance du 26 septembre, rédigé et lu par M. Röthlisberger, est adopté après quelques observations de MM. Desjardin et Pesce. Le secrétaire de l'Association reçoit, à l'occasion de son travail, une nouvelle preuve de la sympathie qu'il rencontre près de tous les membres du Congrès.

Le procès-verbal de la seconde séance du 26 septembre, rédigé et lu par M. de Clermont, donne lieu à diverses observations.

En premier lieu, M. Halpérine-Kaminsky demande une addition, en ce qui concerne la protection accordée aux compositeurs de musique par le nouveau projet de loi russe. A ce sujet, le président explique l'interprétation donnée par l'Assemblée au projet de loi russe et prie M. Halpérine Kaminsky de rédiger une note complémentaire relative à l'observation qu'il vient de présenter.

M. Souchon demande que le vœu émis par l'Assemblée soit complété et le président répond que le mot « auteurs » a une acception globale ; il ne peut s'associer au désir de M. Souchon, parce qu'il y aurait lieu, alors, à nouvelle discussion.

M. Oppert demande quelles sont les dispositions de la nouvelle loi russe, en matière de protection des œuvres russes à l'étranger. M. Halpérine-Kaminsky répond que le nouveau projet de loi protège ces œuvres, ce qui n'a pas eu lieu jusqu'ici. A une question du président qui demande comment cette protection peut s'opérer, M. Halpérine-Kaminsky répond que les nationaux sont protégés aussi bien pour les œuvres par eux publiées en Russie que pour celles qu'ils publient à l'étranger.

M. Georges PFEIFFER demande que, pour la clarté du procès-verbal et pour donner satisfaction à M. Souchon, les compositeurs de musique soient nommément désignés. M. POULAIN prétend que le mot « artistes » ne se trouve ni dans le projet de loi ni dans le vœu. M. HALPÉRINE-KAMINSKY rappelle les termes du procès-verbal qui contient le mot « artistes ».

Après lecture par M. DE CLERMONT du vœu exprimé par le Congrès, où le mot « artistes » se trouve expressément, le PRÉSIDENT demande que l'on mette en regard les deux textes, celui du vœu présenté et celui du vœu voté.

M. PESCE demande que la rédaction par lui proposée : « auteurs quelconques », soit relatée au procès-verbal.

M. POUPINEL mentionne l'omission, dans les procès-verbaux précédents, d'un pli remis par M. Bartaumieux, délégué par le Syndicat professionnel d'architectes, et relatif à la protection des œuvres architecturales. M. Osterrieth donne lecture de la lettre dont il s'agit et du vœu qui lui sert de conclusion.

Ce vœu, dit M. le président, ne peut être porté à l'ordre du jour du Congrès ; mais il en est pris note et l'on examinera s'il y a lieu de le mettre à l'ordre du jour du Congrès de 1900. M. Poupinel annonce que la question de la propriété artistique des œuvres d'architecture est la première question inscrite à l'ordre du jour du cinquième Congrès international des architectes en 1900.

Après une nouvelle explication de M. Halpérine-Kaminsky, le procès-verbal est adopté sous bénéfice de certaines des observations ci-dessus mentionnées.

La parole est donnée à M. Osterrieth pour son rapport sur le projet d'une nouvelle loi allemande concernant le droit d'auteur sur les œuvres littéraires et musicales.

Au préalable, le président, au moment où va s'ouvrir une importante discussion sur ce projet, détermine l'ordre dans lequel doit se poursuivre cette discussion.

M. OSTERRIETH débute en expliquant que, pour faire ressortir la portée de la réforme qui découle de la loi allemande, il doit retracer l'historique de cette loi ; le point de départ se trouve dans les plaintes formulées par les libraires, au commencement de ce siècle, au sujet des contrefaçons exercées dans plusieurs Etats de l'Allemagne ; plusieurs Etats mirent à l'étude la question de protéger les auteurs et notamment les libraires.

C'est la Prusse qui la première a réglé cette question par la loi de 1837 ; cette loi visait surtout les abus de la contrefaçon. L'auteur du projet tenait à protéger l'auteur et l'éditeur contre la contrefaçon, et il formulait cette protection en retournant, pour ainsi dire, le sens du terme. Au lieu de protéger l'auteur contre les actes de contrefaçon, il donnait à l'auteur le droit exclusif de multiplier un écrit par procédés mécaniques ; le terme de la loi prussienne « multiplication » désignait l'acte illicite qui répond au mot « contrefaçon ».

Mais le législateur prussien vit que la contrefaçon pure et simple n'était pas le seul abus dont eussent à souffrir les délégués de la librairie allemande, et il fut amené à protéger la librairie contre des actes analogues préjudiciables aux auteurs et aux libraires, tels que la reproduction partielle d'une œuvre, les remaniements, la traduction, la représentation.

Les auteurs de la loi allemande de 1870 (loi actuelle) se sont inspirés de cette manière de voir et ont ainsi manifesté leur volonté de protéger les auteurs contre toute atteinte possible portée à leurs droits.

Comme le droit d'auteur n'était ni un droit unique, ni une propriété, mais bien, suivant le rapporteur, « le reflet d'une protection contre quelques abus, » le législateur, avec la longue énumération de ces abus, arrivait à restreindre cette protection à la mesure des besoins de la librairie ; de là, une foule de lacunes et de contradictions dans la loi actuelle. M. Osterrieth signale de nouveau, ainsi qu'il l'a fait au Congrès de Turin, les reproches faits à cette loi.

Une commission a été constituée, à l'effet d'étudier les réformes que comportait cette loi ; les travaux de la commission ont été consignés dans une intéressante brochure ; puis l'Association des écrivains et littérateurs allemands soumit au « Reichsjustizamt » ses desiderata.

Le projet de la nouvelle loi allemande contient l'énumération des « objets » protégés : l'écrit, la conférence, les œuvres dramatiques, les figures scientifiques et techniques, etc. ; mais l'œuvre protégée n'est pas définie d'une façon générale, non plus que le droit d'auteur, ni l'étendue de ce droit ; la protection se trouve donc insuffisante. Ainsi les conférences ne sont pas protégées d'une façon générale ; la protection est limitée « aux conférences faites dans un but d'édification, d'instruction ou de récréation ». De même, en matière de traduction, l'auteur n'est protégé contre les traductions illicites qu'à condition qu'il se soit réservé le droit de traduction ; puis, après l'accomplissement de diverses formalités et l'observation de délais déterminés, il se trouvera protégé pour une durée de cinq ans contre toute traduction illicite.

Le droit de remaniement n'est pas prévu par la loi actuelle : en cette matière, il y a toujours eu hésitation de la part des tribunaux ; c'est une lacune, que la commission a voulu combler, en demandant sans cesse que le droit de remaniement fût défini et déterminé par la nouvelle loi.

Le rapporteur signale un grand défaut dans cette loi : ce sont les restrictions qu'elle accorde en faveur du public ; ainsi, il est permis d'insérer un écrit « d'une étendue peu considérable » dans une collection qui sert « à un but littéraire déterminé ». C'est là une expression vague, qui a déjà servi à couvrir des entreprises purement commerciales, telles que des anthologies qui ne donnaient lieu à aucun travail personnel de la part des compilateurs qui les publiaient.

De même, les auteurs de discours parlementaires et politiques se trouvent insuffisamment protégés : ces discours peuvent être reproduits de toute façon, non seulement dans un but immédiat d'information, mais encore en vue d'un recueil, fait par un éditeur, des discours prononcés par un homme politique ; l'auteur n'est pas admis à protester contre une entreprise de cette nature.

En ce qui concerne les informations par voie de presse, le rapporteur réitère les desiderata par lui maintes fois formulés aux précédents congrès.

Pour les œuvres musicales publiées, elles ne sont protégées qu'à condition que les exemplaires publiés soient revêtus d'une mention de réserve.

Enfin, les étrangers ne sont protégés qu'en vertu des traités passés avec les nations auxquelles ils appartiennent.

Le rapporteur se demande si le projet de loi répond suffisamment aux desiderata formulés par les libraires et les auteurs allemands. Il constate d'abord d'abord que dans ce projet ne figurent point les œuvres artistiques. En 1870, le gouvernement de la Confédération de l'Allemagne du Nord avait soumis au Parlement un projet de loi qui comprenait la protection de toutes les œuvres de la pensée ; mais des doutes s'élevèrent au sujet de la protection des œuvres artistiques, principalement des œuvres d'art industriel. Certains membres du Parlement crurent que la protection causerait un grave préjudice aux œuvres d'industrie ; par suite de divergences de vues, la question relative à la protection des œuvres artistiques fut écartée.

Le maintien, dans le projet de loi, de cette séparation entre les œuvres littéraires et musicales et les œuvres artistiques tient à plusieurs raisons : en premier lieu, des raisons de compétence, la propriété littéraire est du ressort du Reichsjustizamt, la propriété des œuvres artistiques est du ressort du Reichsamt de l'Intérieur ; en second lieu, des raisons psychologiques très simples : l'auteur du projet de loi, n'a, pas plus que l'auteur de la loi de 1870, reconnu la nécessité d'établir le grand principe fondamental de la propriété littéraire et artistique, tel que les congrès de l'association l'ont sans cesse proclamé.

Le projet de loi ne consacre donc pas une réforme fondamentale : les progrès qu'il réalise ne concernent que des questions de détail ; les auteurs de ce projet ont reculé devant la tâche de refaire entièrement la législation allemande en cette matière.

La loi actuelle ne reconnaît pas le principe de l'unité du droit d'auteur ; de son côté, le projet de loi ne contient que l'énumération des différents actes considérés comme portant atteinte à la liberté des auteurs ; il maintient nettement une distinction entre le droit moral de l'auteur et son droit pécuniaire ; le rapporteur a déjà signalé cette distinction lors des discussions qui ont eu lieu récemment au sein du Congrès.

En matière de droit de cession, l'auteur est protégé contre toute entreprise sur l'œuvre, contre toute modification, et toute atteinte portée à la paternité de l'œuvre : il est interdit de rendre publique une œuvre en dehors du consentement de l'auteur ; le droit moral de l'auteur est protégé par le projet de la loi qui interdit certains actes déloyaux pouvant rendre publique une œuvre sans ce consentement.

Une autre disposition du projet vise des œuvres qui ne sont pas considérées comme œuvres littéraires : l'article 44, interdit de livrer à la publicité des lettres privées, des journaux privés, qui n'ont pas encore été publiés ; c'est une protection accordée à l'auteur contre des indiscrétions, pendant une durée de dix ans.

Le droit pécuniaire n'est pas défini d'une façon générale.

Il est dit dans le projet que l'auteur a seul droit de remanier l'œuvre, de la multiplier et de la répandre professionnellement ; le droit de traduction est assimilé au droit de reproduction, la durée de ces deux droits est la même.

La liberté de citation a été restreinte dans une mesure qui pourra faire disparaître les abus déjà signalés par le rapporteur.

Les informations des journaux ont été un peu plus protégées, sans que les vœux des précédents congrès aient reçu une satisfaction suffisante.

C'est surtout en matière d'œuvres musicales que le projet de loi réalise des améliorations considérables. Il y est dit que l'auteur est protégé contre toute entreprise de nature à modifier son œuvre : une présomption de fait permet de considérer l'emprunt d'une mélodie comme utilisation *illicite*, même lorsque cette mélodie aura été utilisée pour créer une nouvelle œuvre.

Le rapporteur regrette les dispositions de l'article 21 qui établit la liberté absolue de transcrire une œuvre musicale sur des appareils mécaniques, tels que boîtes à musique, orchestrions, etc.

Pour le droit d'exécution, l'obligation de la mention de réserve a été supprimée ; toute œuvre musicale est protégée contre toute exécution non autorisée par l'auteur, l'association des compositeurs allemands, représentée au congrès par M. Rösch, s'est mise d'accord avec les auteurs du projet de la loi, sur la nécessité de créer en Allemagne une Société de perception des droits d'auteur analogue à celle dont M. Souchon est, en France, le distingué représentant. Le rapporteur remercie M. Souchon et M. Jean Lobel, du concours bienveillant et empressé qu'il a trouvé auprès d'eux, pour les travaux préparatoires faits en vue de la constitution de cette Société.

Le droit d'exécution est restreint par l'article 26 en ce sens que le consentement de l'ayant droit n'est pas nécessaire dans certains cas énumérés par cet article.

L'article 19 ne considère pas comme contrefaçon le fait de se servir d'un écrit déjà publié comme texte pour une nouvelle œuvre musicale. Pour l'exécution publique d'œuvres dramatiques et musicales issues d'une collaboration d'un auteur avec un compositeur, l'autorisation du compositeur suffit.

La durée de la protection accordée aux œuvres musicales a été portée à cinquante ans : celle de la protection des œuvres littéraires est restée la même.

Les œuvres anonymes et celles qui sont publiées par des personnes morales sont protégées pendant trente ans, après leur publication.

En ce qui concerne les atteintes portées à la propriété littéraire, le projet n'amène pas de changements considérables : les actes de contrefaçon donnent lieu à actions en dommages-intérêts, lorsque cette contrefaçon a été faite intentionnellement ou par négligence. L'amende prononcée peut s'élever jusqu'à 3,000 marks. Par une disposition spéciale de la loi allemande, le contrefacteur peut être condamné à une *composition* (Busse) : la partie lésée peut demander au contrefacteur, au lieu de dommages intérêts, une *composition* pouvant s'élever jusqu'à 6,000 marks sans que cette partie ait besoin de prouver le préjudice qui a pu lui être causé.

Quant à la situation des auteurs étrangers, le projet n'a pas modifiée.

Les dispositions de ce projet sont le résultat d'un compromis intervenu entre les compositeurs et les éditeurs ; la moitié du produit net revient à l'auteur : l'éditeur est tenu d'établir ses comptes.

A l'expiration des délais fixés par le projet, le droit d'exécution passe à l'auteur, même si ce droit a été cédé à l'éditeur.

Dans le cas où le compositeur aurait cédé ce droit d'exécution à l'éditeur sans apposer la mention de réserve, ce droit d'exécution fait retour au compositeur.

Le projet contient une disposition qui diminue sensiblement les avantages accordés aux compositeurs : il est permis, avant l'entrée en vigueur de la nouvelle loi d'exécuter publiquement une œuvre musicale, sans le consentement de l'auteur, lorsqu'on se sert d'un matériel de musique non pourvu de la mention de réserve. Pour toute œuvre musicale qui se trouve dans ce cas, il y a droit d'exécution libre ; aussi, les éditeurs et les compositeurs sont indéfiniment tenus à l'apposition de cette mention de réserve.

A l'égard des théâtres autorisés à exécuter des œuvres dramatiques ou musicales moyennant rétribution, ils pourront continuer à exécuter librement ces œuvres, à condition de donner à l'auteur la part usuelle des bénéfices.

Le rapporteur conclut par un vœu général, aux termes duquel le congrès déciderait que l'association soumettrait au gouvernement de l'Empire les résolutions votées par elle : le gouvernement tiendra certainement compte des observations : le projet serait soumis au Bundesrath dans un délai suffisant pour permettre à cette assemblée d'étudier et d'adopter, s'il y a lieu, les modifications proposées par le congrès.

Le rapporteur, M. Osterrieth, ayant terminé son exposé, est unanimement salué par de vifs applaudissements.

M. RIVIÈRE demande à M. Osterrieth si le projet de la loi allemande tient un compte exact de la Convention de Berne, que le projet de la loi anglaise semble avoir un peu négligée.

Le PRÉSIDENT répond que cette convention lui paraît respectée dans le projet allemand, qui assimile le droit de traduction au droit de reproduction de l'original.

M. Morel fait observer que le régime du droit public anglais exige que, lorsque le gouvernement de la reine veut faire une convention avec des étrangers, cette convention soit sanctionnée par la loi nationale : il en est de même en ce qui concerne la loi allemande.

M. Pfeiffer demande si le projet de la loi allemande sera publié *in extenso*, de façon à être étudié par la Société des compositeurs de musique, qu'il représente.

Le Président répond que la publication de ce projet dans le recueil *Le Droit d'Auteur* donnera satisfaction à M. Pfeiffer.

M. Souchon prend la parole au nom de la Société des auteurs, compositeurs et éditeurs de musique : il exprime la vive satisfaction qu'il éprouve, en constatant les améliorations, les progrès considérables réalisés dans le projet de loi analysé par l'éminent rapporteur : s'il vient faire quelques restrictions aux éloges que mérite ce projet, il s'y sent autorisé par le rapporteur lui-même, et il espère que ses observations seront écoutées avec indulgence et sympathie par l'assemblée.

En restreignant ses observations aux œuvres musicales, M. Souchon donne une adhésion très sincère aux dispositions du nouveau projet de loi. Il étudiera spécialement celles qui sont relatives à la mention de réserve, au droit de mélodie, à la reconnaissance pour l'auteur de son droit d'exécution et en même temps la retroactivité de ce droit à son profit; puis les dispositions tutélaires de l'article 39 et de l'article 40 qui lui sert de sanction.

L'orateur explique que la loi française ne donne pas au compositeur les mêmes avantages que le projet de la loi allemande, en ce qui concerne *la mention de réserve* ; il est impossible au compositeur, en France, d'obtenir réparation du préjudice qui lui est causé par un éditeur. Cette constante frustration du droit des compositeurs s'étend non seulement à leur personne, mais à celle de leurs descendants, pendant une période de cinquante ans. En fait, la Société représentée par M. Souchon est maintes fois intervenue pour faire cesser ce fâcheux état de choses, mais n'a pu jusqu'à ce jour, que se heurter à un incessant *non possumus*.

Un pas cependant a été fait pour l'unification de la durée de protection. Il semble, dit l'orateur, que ce soit comme un baume appliqué à des blessures encore saignantes et souvent infligées aux compositeurs.

M. Souchon émet une observation au sujet de la sanction pénale prévue par l'article 45 du projet de loi. En matière d'œuvres musicales, lorsque le compositeur vend ou cède sa composition à un éditeur, il est obligé de signer des cessions qui équivalent à la négation absolue du droit de compositeur ; il espère qu'en France, on saura s'inspirer des dispositions du nouveau projet de loi pour faire sortir les compositeurs de l'état de sujétion dans lequel ils vivent actuellement.

L'orateur aborde la critique du projet : il regrette en premier lieu que l'article **6** fasse cesser les effets de l'indivisibilité entre les *auteurs* d'une même œuvre musicale : lorsqu'il y a réelle collaboration entre l'auteur et le compositeur, le même délai de protection devrait être accordé à chacun d'eux.

En ce qui concerne le droit d'utilisation d'un texte déjà publié pour une œuvre musicale, la disposition du projet de loi semble à M. SOUCHON très préjudiciable à l'auteur, si surtout le compositeur s'est servi de ce texte pour une production insignifiante. L'orateur exprime le vœu que cette disposition soit supprimée.

M. SOUCHON considère, également comme très préjudiciables aux droits du compositeur, les articles 19 et 25 concernant l'exécution d'œuvres musicales par procédés ou instruments mécaniques, et il demande la suppression de ces articles.

A l'égard de l'article 62, M. SOUCHON signale la différence de traitement qui en résulte pour l'éditeur et le compositeur de musique. Il se réserve de détailler ses critiques lors de la discussion analytique.

Il appelle l'attention du Congrès, ainsi que l'a déjà fait M. OSTERRIETH, sur l'article 26, qui exproprie le compositeur de musique de son droit d'exécution. Il demande s'il n'y aurait pas lieu notamment, d'exclure du bénéfice de cette disposition les établissements exploités comme lieux de danse.

Le deuxième paragraphe de cet article 26, en imposant à l'auteur une bienfaisance forcée, consacre cet attentat au droit personnel du compositeur, contre lequel l'orateur et l'Association se sont maintes fois prononcés.

M. SOUCHON demande au rapporteur que l'on désigne avec précision les sociétés qui seront appelées à bénéficier de cette disposition. Le projet de loi, en étendant cette disposition à toutes les Sociétés musicales, ne peut être que désastreux pour les compositeurs allemands, et M. Souchon prie le rapporteur de faire tous ses efforts pour arriver à la suppression de cette disposition.

Le paragraphe 4 du même article 26 ouvre la porte à des équivoques sans nombre : qui sera juge, demande M. Souchon, de la reconnaissance de l'intérêt artistique supérieur, dont parle ce paragraphe ? une troupe nomade de tziganes peut être considérée par certaines gens comme présentant un intérêt de cette nature : l'orateur appelle l'attention de M. Rösch, représentant des compositeurs allemands, sur les dangers de cette disposition.

M. SOUCHON considère l'article 21 comme créant un privilège au profit des fabricants d'instruments mécaniques : il rappelle qu'au Congrès de Monaco, un vœu a été émis dans le but de faire allouer une indemnité de 5 0/0 à l'auteur d'une œuvre reproduite mécaniquement : il y a là une iniquité et une atteinte portée à un droit absolu ; si l'on ne peut la faire disparaître, on doit s'efforcer d'en diminuer les conséquences désastreuses. Pourquoi les compositeurs et éditeurs seraient-ils privés de leurs droits pour sauvegarder les intérêts commerciaux des fabricants d'instruments mécaniques : M. Souchon en demandant à ce sujet, l'application, dans le projet de la loi allemande, d'une disposition de la loi italienne, espère qu'on atténuera ainsi le préjudice causé aux auteurs ; le moment est venu de faire entendre cette revendication et de protester pour faire cesser des abus incontestés ; si on maintient, dans la loi allemande, la négation du droit d'auteur consacrée par l'article 25, cet article passera la frontière allemande, et sera, il faut le craindre, inscrit dans d'autres législations.

L'article 25 frustre donc l'auteur de son droit d'exécution et de reproduction ; en France, où les fabricants d'instruments mécaniques sont protégés par la loi de 1866, il n'a pas été interdit de réclamer des droits d'auteur à ces fabricants : les compositeurs allemands se trouveraient également frustrés par l'article 25, et M. Souchon appelle sur cette question, l'attention vigilante de M. Rösch.

En ce qui concerne les *dispositions transitoires*, M. Souchon fait ressortir que l'article 67 annihile les heureux effets de l'article 12 et de l'article 69, en ce qu'il constitue un privilège préjudiciable aux compositeurs ; il ne semble pas admissible que les compositeurs acceptent cette disposition, même en vue de bénéficier des avantages du nouveau projet de loi. Qu'on se rapporte aux précédents : la même situation s'est trouvée en Belgique, il a fallu faire rentrer dans le domaine privé des œuvres illicitement admises comme étant dans le domaine public.

L'orateur demande quel sera le moyen de reconnaître, entre les diverses œuvres, celles qui seront sujettes aux revendications de la Société de perception ; il demande avec insistance que l'article 67 soit modifié, et que les éditeurs soient contraints de mettre sur les œuvres qu'ils publient un millésime qui permette de fixer la durée de la protection accordée à ces œuvres.

M. Souchon espère que le Congrès acceptera les modifications qu'il propose ; il désire que la tentative à laquelle M. Rösch a prêté un concours si actif et si zélé soit couronnée de succès. Il adresse ses remerciements à M. Richard Strauss, le célèbre compositeur et kapellmeister, dont M. Rösch est le secrétaire général, d'une compétence reconnue dans le domaine de l'art comme dans celui des affaires ; il remercie M. Hugo Boch, le grand éditeur de musique de Berlin, qui a apporté aux compositeurs l'appoint de son autorité et de son intégrité hautement reconnue : enfin, il paie un juste tribut d'éloges à M. Osterrieth dont la valeur personnelle est depuis longtemps appréciée de toute l'assemblée. (Ces paroles de l'orateur sont vivement applaudies par le Congrès).

Pour conclure, M. Souchon forme des vœux pour la réussite de la Société de perception projetée en Allemagne, et visiblement encouragée par le gouvernement allemand. Les attaques irréfléchies auxquelles pourrait donner lieu la constitution de cette Société ne doivent pas être un obstacle ; de son côté, l'orateur donne l'assurance qu'il continuera à apporter, dans la perception des droits d'auteur, toute la modération conciliable avec la sauvegarde des intérêts si importants qui lui sont confiés.

L'orateur termine son discours au milieu des bravos unanimes de l'Assemblée.

Le Président annonce qu'en présence de l'invitation faite par
M. le docteur Koch aux membres du Congrès de se rendre à
Mannheim, il y a lieu de lever la séance et de renvoyer à la séance
suivante l'examen d'observations que vient de présenter M. Pesce.

Le Président donne lecture d'une lettre de M. Aujar, rédacteur
au *Figaro*, adressée à M. Maillard au sujet de l'interprétation,
dans un article de ce journal, du rapport de M. Maillard et des
observations et explications présentées par le rapporteur. M. Aujar
regrette les termes de son article dans sa lettre qui sera annexée
au présent procès-verbal.

Heidelberg (in Baden), 28 septembre 1899.

A Monsieur Pouillet, président de l'*Association littéraire
et artistique internationale*,

Monsieur le Président,

J'ai l'honneur de vous demander si, dans les articles que le *Figaro*
veut bien insérer en faveur du Congrès, il est permis de découvrir des
affirmations assez graves nécessitant le solennel démenti qui, dit-on,
m'a été infligé en séance ordinaire. Une explication pouvait être fournie
et, le cas échéant, il m'eût été aisé de rectifier moi-même, mais on ne
m'a point avisé. Je le regrette.

Cependant, monsieur le Président, je suis convaincu que vous voudrez
bien me faire connaître par quoi j'ai abusé de la confiance du grand
journal qui, depuis quatre ans, m'offre ses colonnes chaque fois que
l'actualité le permet.

J'ai l'honneur, Monsieur le Président, de vous prier d'accepter l'hommage de mon respect.

Léopold AUJAR.
27, Jaisbergstrasse.

Après avoir demandé aux membres du Congrès désireux de
prendre part aux excursions de Mannheim, Karlsruhe et Francfort
de s'inscrire auprès de M. le docteur Koch, la séance est levée à
onze heures cinquante.

SEPTIÈME SÉANCE. — 28 septembre.

La séance est ouverte à neuf heures sous la présidence de M. POUILLET, en présence de M. Bohem, délégué par le ministère de la justice du grand-duché de Bade.

M. LERMINA donne lecture d'un rapport de M. van Zuylen, relatif à la situation de la propriété littéraire dans les Pays-Bas.

LES PAYS-BAS ET LA CONVENTION DE BERNE

Ceux de vous, Messieurs et Mesdames, qui se souviennent de ce que le délégué officiel de la Hollande, M. Vintgens, a dit sur l'état des esprits chez nous, au Congrès de Berne, en 1885, apprendront avec joie que, depuis la fin de l'année 1898, nous avons dans les Pays-Bas une union qui [a pour but notre acquiescement à la convention de Berne, du 9 septembre 1886.

Au Congrès de Monaco, en 1897, la dernière fois que j'ai eu le plaisir d'être avec vous, j'ai déjà exprimé l'espoir que nous n'étions pas loin d'une révolution, quant à l'opinion de l'intellect (des intelligents) dans mon pays.

Par la création de la nouvelle société, mes prévisions sont devenues réalité !

Aujourd'hui, l'Union pour l'accession au traité international (de Bernerconventiebond) compte plusieurs centaines de membres, parmi lesquels se trouvent, non seulement nos hommes de lettres et nos artistes les plus en vue, mais aussi les Sociétés littéraires et artistiques les plus importantes. Je n'ai qu'à vous nommer la Société littéraire néerlandaise à Leiden (Mootschappy der Nederlandsche Letterkunde) ; l'Union des artistes peintres et sculpteurs « Pulchri Studio » à La Haye, l'Union théâtrale (Tooneelverbond), dans la même ville, auxquelles se joindra sans aucun doute la Société des architectes d'Amsterdam (Mootschappy tot Bevordering der Bouwkunst), dont je serais de nouveau le délégué à votre Congrès de demain, si des circonstances fâcheuses ne me retenaient chez moi.

Et, ce qui est mieux encore, ce ne sont pas seulement, les écrivains, les compositeurs et les artistes seuls qui ont pris l'affaire en mains, mais avec eux ce sont les principaux éditeurs, qui y apportent leur coopération et leur zèle. Aujourd'hui encore, les journaux nous annoncent, que l'Union des éditeurs (Nederlandsche Uitgevesthond) s'est fait inscrire comme membre !

Jusqu'ici le « Bernerconventiebond » n'a fait que des démarches préliminaires. *Chi va piano va sano*, dit un proverbe italien qui

est tout à fait d'accord avec notre caractère national et nos sentiments. Et puis, il fallait agir prudemment, parce que l'on rencontra
une opposition assez sérieuse, surtout de la part des petits éditeurs,
qui disaient au public que, par l'acquiescement à la convention de
Berne, la traduction des œuvres parues dans les autres pays serait
pour ainsi dire impossible.

Notre Union, a donc, en premier lieu, dû faire comprendre au
public qui lit les traductions et surtout aux traducteurs, qui dans
leur travail, trouvent les moyens d'existence, qu'en général, rien
ne changera dans l'état actuel des choses, et que, seulement pour
les œuvres de date plus récente, les traducteurs auraient besoin
de l'autorisation des auteurs, qui, en sachant que chez nous le
débit des livres est si peu étendu, ne demanderaient pas un tantième, ou du moins se contenteraient d'un tantième peu important.

Pourtant le *Bernerconventiebond* n'a pas tardé, après sa constitution, à s'adresser officiellement autant à notre jeune reine, si
intelligente, qu'au ministre des affaires étrangères pour prouver
que notre accession à la convention de Berne est dans l'intérêt
matériel et intellectuel du pays.

Voilà où nous en sommes ! L'hiver qui s'approche nous donnera
l'occasion de nous réunir pour faire des conférences de propagande,
et c'est alors que certainement nous profiterons aussi des travaux
du Congrès de Heidelberg, dont nous suivons avec intérêt les actes
et les faits !

Je vous salue, Mesdames et Messieurs, non seulement comme
un des vôtres, mais aussi au nom de l'*Union de propagande pour
l'acquiescement des Pays-Bas à la convention de Berne* !

G. E. V. L. van Zuylen.

Aux applaudissements de l'assemblée, M. le président adresse
des remerciements à notre cher président perpétuel M. E. van
Zuylen.

La discussion générale est reprise sur le projet de loi allemand.
M. Pesce dépose la proposition suivante :

« Le 21e Congrès de l'Association littéraire et artistique internationale, s'inspirant des principes généraux qui guident ses discussions et plus spécialement en ce qui concerne l'unification de
la législation sur les droits d'auteur, émet le vœu de voir toutes
les législations englober dans une même loi toutes les dispositions qui doivent régir les droits des auteurs des œuvres intellectuelles quelles qu'elles soient.

M. Georges Maillard accepte, dans son principe sinon dans sa
forme, la proposition de M. Pesce ; mais il est d'avis qu'on insère
l'essentiel de ce vœu dans la formule générale qui devra servir de
conclusion à la discussion du rapport Österrieth et il prie ceux qui
auront fait des propositions générales de bien vouloir se réunir

samedi matin, avant la séance, avec M. Henri Morel, directeur du bureau de Berne, et M. Osterrieth pour arrêter les termes du vœu final. Ce vœu devra d'abord constater les progrès considérables que le projet de loi réalise sur la législation actuelle et en féliciter chaleureusement les rédacteurs du projet. C'est pour l'Association une joie de voir pénétrer ainsi dans la loi allemande quelques-unes des idées pour lesquelles nous avons depuis si longtemps combattu, telles la protection du droit de traduction, la suppression de la mention de réserve pour les œuvres musicales, la reconnaissance du droit moral. Mais il faudra ensuite insister sur les améliorations nécessaires qui vont être signalées au cours de la discussion détaillée du rapport d'Osterrieth et sur quelques critiques générales qu'il y a lieu de présenter maintenant.

D'abord, il est profondément regrettable que le gouvernement allemand n'ait mis à l'étude que la réforme de la législation sur la propriété littéraire et ait laissé de côté tout ce qui concerne la propriété artistique. Le droit de l'auteur et le droit de l'artiste n'ont qu'une seule et même source, ils doivent être intimement unis dans une même loi qui comprendra jusqu'aux œuvres photographiques. Notre ami Osterrieth a bien fait dans son rapport la même observation, mais a pensé qu'un vœu en ce sens serait inutile parce que le gouvernement allemand était décidé à ne s'occuper en ce moment que des droits de l'écrivain et du compositeur. Il importe que l'Association émette un vœu formel. Si le gouvernement n'a étudié que la réforme des droits de l'écrivain et du compositeur, c'est que les écrivains et les compositeurs ont été seuls à se plaindre ; il est à souhaiter que les intéressés dans le domaine de l'art fassent un effort analogue et créent un mouvement d'opinion publique en faveur d'une réforme de la loi sur la propriété artistique.

Les rédacteurs du projet définitif de la loi allemande ont une responsabilité particulièrement grave, et on est en droit de réclamer d'eux une loi parfaite, car elle servira par la force des choses de modèle pour les législations qui suivront. Il serait profondément regrettable que le dédoublement de la législation sur la propriété littéraire et artistique pût servir de modèle par la suite. L'Association a donc tout au moins le devoir de protester, afin de maintenir pour l'avenir des principes qu'elle a proclamés dans tous les Congrès.

Dans le même ordre d'idées, nous devons protester contre la rédaction trop compliquée du projet, ses énumérations *limitatives* et ses distinctions trop nombreuses.

M. PFEIFFER, répondant à l'appel qui lui a été fait par M. Souchon pour témoigner des abus de la loi existante commis par les éditeurs aux dépens des compositeurs, cite le fait suivant : il a vu, il y a quelques jours, figurer sur un programme d'orchestre un morceau de lui écrit pour le piano et nullement orchestral ; ce morceau, cependant, a été arrangé et publié sans que l'auteur en eût connaissance. Il y a là un véritable abus du droit moral de l'auteur que la loi allemande viendra heureusement défendre.

La parole est à M. Roesch, représentant de la Société des Compositeursallemands.

DISCOURS DE M. ROESCH

(TRADUCTION)

Je ne voudrais pas laisser passer la discussion générale sur le nouveau projet de loi allemand sans préciser dans une déclaration l'attitude prise à l'égard de ce projet, par les compositeurs allemands groupés ensemble; je me bornerai, toutefois, à relever deux questions de principe, relatives aux œuvres musicales, en me réservant de justifier, au besoin, encore particulièrement cette attitude lors de la discussion par article.

M. le rapporteur a déjà signalé, que nous autres, compositeurs, nous avons espéré trouver dans le projet, entre autres, la base légale pour assurer la fondation d'une Société allemande de perception pour l'exécution des œuvres musicales. Dans les travaux préparatoires, excessivement difficiles sous maint rapport, entrepris en vue de l'organisation de cette Société allemande, la Société des auteurs. compositeurs et éditeurs de musique, à Paris, forte d'une expérience de presque cinquante ans, nous a secondés de la manière la plus aimable et la plus efficace, et je sens le besoin en ma qualité de délégué de la *Genossenschaft deutscher Komponisten*, et en mon propre nom, d'en exprimer ici publiquement la gratitude la plus sincère au représentant, ici présent, de la Société française, le très estimé M. Victor Souchon, et cela d'autant plus que des informations erronées ont été répandues par la presse sur nos relations mutuelles; en même temps, j'éprouve une satisfaction toute particulière de pouvoir remercier cordialement M. Souchon d'avoir, dans son allocution enthousiaste prononcée hier sur le projet de loi, compris si profondément et appuyé avec tant de chaleur les intérêts artistiques et économiques des compositeurs allemands.

Mais, c'est le cœur gros que je dois avouer que, malheureusement, je ne puis éprouver les mêmes sentiments de gratitude envers le nouveau projet. Cette attitude négative paraîtra étrange au premier abord, car, effectivement, ce rapport nous apporte quelques améliorations assez importantes. Mais l'effet pratique de celles-ci est, soit grandement menacé, soit rendu complètement illusoire par une longue série de dispositions secondaires de nature restrictive. Seuls, les articles 10, 12 et 15, par lesquels la personnalité de l'auteur est protégée, la mention de réserve, du droit d'exécution supprimée et la protection contre la reproduction renforcée, constituent un progrès réel, sans restrictions. Les articles 14, 19, 20, 32 et 62, comportent seulement un progrès douteux qui ne peut être reconnu que conditionnellement et sous réserve de certaines dispositions limitatives de détail; il s'agit là de la protection de la mélodie, des rapports entre le compositeur et l'auteur du texte, des recueils d'œuvres musicales, de la prorogation du délai de protection et des effets rétroactifs de la loi. En revanche, les articles 21, 25, 26, 39, 63 et 67 (instruments de musique mécaniques et droit d'exécution musicale) sont franchement pires que l'état légal actuel.

Pris dans son ensemble, le projet révèle que ses rédacteurs sont pleins de bienveillance à l'égard des droits des auteurs ; d'autre part, on ne saurait méconnaître qu'à côté de ces sentiments, l'énergie suffisante manque pour exécuter les réformes, jugées nécessaires, d'après des principes clairs, simples et formels. C'est ce dualisme qui, à mon avis, est la caractérisque du projet entier et qui se manifeste d'une manière particulièrement frappante dans deux dispositions capitales relatives au droit d'auteur en matière musicale, savoir le droit d'exécution et la question des instruments de musique mécanique, dispositions dont voici la portée générale :

« L'article 12 supprime la mention de réserve du droit d'exécution, ce qui est en soi juste et bon. Car non seulement la musique non dramatique est, sans aucune raison intrinsèque, traitée beaucoup moins bien que la musique dramatique pour laquelle la loi actuelle n'exige pas cette mention, mais le compositeur qui entend sauvegarder son droit d'exécution se voit imposer une formalité qu'il ne peut presque jamais remplir, étant donnés les rapports qui existent en Allemagne entre lui et les éditeurs. En effet, tout moyen efficace de forcer ceux-ci à respecter sa volonté et à apposer ladite mention de réserve, lui font défaut. Quant aux éditeurs eux-mêmes, ils n'ont aucun intérêt particulier à maintenir le droit d'exécution. En revanche, lorsque le compositeur réusslt à obtenir l'apposition de cette mention sur son œuvre, celle-ci est protégée d'une façon absolue contre toute exécution non autorisée. Désormais, la formalité restrictive actuelle serait supprimée, mais l'étendue des droits positifs serait restreinte par les articles 25, 26, 39, 63 et 67, lesquels non seulement nous enlèvent ce que l'article 12 contient de nouveau, mais même ce qui nous était acquis d'après la loi en vigueur. Car, à l'avenir, dans beaucoup de cas, les œuvres pourvues de la mention et dès lors protégées maintenant d'une manière absolue seraient privées de la protection. En d'autres termes, le projet de loi future dépouille les compositeurs de droits qu'ils possèdent à l'heure qu'il est formellement d'après la loi actuelle, cependant imparfaite par rapport au droit d'exécution.

« Au reste, il faut tenir compte de ce que les compositeurs n'ont pas besoin de la protection de ce droit uniquement pour des raisons matérielles afin de se faire payer d'une manière quelconque pour les exécutions, mais surtout pour des raisons artistiques, afin de pouvoir s'opposer énergiquement au besoin, à des exécutions défectueuses de leurs œuvres ou, en général, afin de pouvoir contrôler l'exécution elle-même, la répartition des rôles et les répétitions ; personne ne contestera que cela est d'une importance décisive surtout pour les exécutions premières, dont dépend souvent le sort futur des œuvres. Or, ce droit personnel est enlevé à l'artiste par le même projet dont l'article 10 établit une disposition nouvelle destinée à protéger la personnalité de l'auteur.

Je ferai encore observer en passant que l'article 67, en particulier, combiné avec l'article 68, contient des dispositions transitoires concernant le droit d'exécution musicale qui, selon les espèces, paralysent en pratique la protection du droit d'exécution pour un délai transitoire de cent ans. Quiconque examinera de plus près les prescriptions du projet, arrivera à la conclusion que la question du droit d'exécution en matière musicale est réglée par le nouveau projet d'une manière entièrement contradictoire et vraiment monstrueuse quant à l'exercice pratique de ce droit. Dès lors, il est compréhensible que les compositeurs allemands ne puissent éprouver le moindre enthousiasme pour des modifications semblables.

Il en est de même en ce qui concerne la question des instruments de musique mécaniques. D'après la loi, ou plutôt d'après la jurisprudence actuelle, est interdite la libre utilisation d'œuvres musicales pour les instruments mécaniques avec disques, cylindres, cartons, etc., interchangeables. Or, l'article 21 du projet permet ce genre de contrefaçon qu'on peut considérer comme la reproduction la plus mécanique et la plus attentatoire à l'idée même d'une loi sur le droit d'auteur. Le plus curieux, c'est la façon dont cette disposition nouvelle est motivée, autant qu'on peut parler de motifs par rapport à une solution qu'il n'est pas possible de motiver par elle-même, en face des autres principes de la loi ; voici ce que dit l'exposé des motifs sur ce point : « Les compositeurs et éditeurs de musique allemands doivent faire ici une concession en faveur de l'industrie nationale, comme, d'ailleurs, il leur est fait une concession dans l'article 19 qui leur permet d'utiliser les poésies d'autrui. »

On peut opposer ce qui suit à cette argumentation : 1o L'article 19 qui règle les rapports entre l'auteur du texte, et le compositeur implique une restriction considérable au droit de libre reproduction, tel qu'il est reconnu actuellement au compositeur. Tout en étant, peut-être, loin de satisfaire aux droits des écrivains, l'article 19, comparé avec la loi actuelle, ne peut donc être nullement qualifié de concession faite aux compositeurs. 2o Mais, même s'il s'agissait d'une concession réelle, les motifs n'exprimeraient guère d'autre raisonnement que le suivant : Vous autres, compositeurs, vous avez pu voler jusqu'ici aux auteurs des textes les plus beaux habits ; dorénavant, il ne vous sera permis que de leur voler les cravates. En compensation, vous tolérerez qu'on vous ôte vos habits et vos cravates et tout ce que vous portez sur vous, y compris la chemise, pour qu'on en fasse généreusement cadeau à des tiers vis-à-vis desquels vous n'avez aucune obligation. Quelle conception singulière ! Et on songe à remplacer par celle-ci la jurisprudence du tribunal de l'Empire qui est si brillante, si profonde et si pénétrée de l'esprit du droit d'auteur.

« Les motifs qui accompagnent le projet allèguent encore des raisons d'ordre économique, ce qui est très intéressant, mais provoque les questions suivantes : Les auteurs du projet de loi ne savent-ils pas que depuis des siècles, sur mille compositeurs allemands, il y en a eu à peine trois qui aient pu assurer leur subsistance par le fruit de leur travail créateur; que notre maître Jean-Sébastien Bach a passé toute sa vie dans les privations et que sa veuve est morte après avoir vécu de la charité publique? Ne savent-ils pas que Mozart, le musicien béni de Dieu qui a enrichi le monde entier de ses mélodies, est décédé dans un état de pauvreté tel que les frais d'enterrement ont dû être payés par une collecte? Ne connaissent ils pas la misère dans laquelle ont vécu les Schubert et les C.-M. de Weber? Ne savent-ils pas qu'un compositeur aussi populaire que Lortzing est presque littéralement mort de faim? Lequel des compositeurs allemands contemporains est à même de vivre exclusivement des revenus que lui rapportent ses œuvres?

« Eh bien, quand on entend parler de considérations d'ordre économique, en traitant du droit sur les œuvres musicales, il faudrait songer en première ligne aux compositeurs eux-mêmes, non pas à une industrie qui travaille avec un capital de bien des millions et qui est si prospère qu'elle répartit des dividendes de 20 à 30 0/0. Cette industrie, quels mérites particuliers a-t-elle pour qu'on la protège avec tant de soin? Celui de diminuer la valeur des œuvres originales en tant qu'œuvres éditées? Ou celui de reproduire les œuvres exploitées par elle sous une forme défigurée et de corrompre ainsi dans les vastes classes populaires le goût pour les exécutions artistiques? Ou bien celui d'enlever leur gagne-pain à des centaines et à des milliers de pauvres musiciens exécutants qui ont joué auparavant dans les restaurants la musique de danse ou autre? Et on prétend récompenser tous ces tristes mérites en élaborant une loi sur le droit d'auteur?

« En présence de cet état de choses, révélé par l'examen de ces deux points principaux, vous comprendrez certainement, messieurs, que les compositeurs allemands désirent vivement conserver l'ancienne législation, bien qu'elle soit défectueuse et pleine de lacunes, plutôt que de l'échanger contre une nouvelle loi inacceptable dans sa rédaction actuelle aussi bien pour leurs intérêts artistiques que pour leurs intérêts économiques. Cependant, si l'on réussissait à réaliser les améliorations prévues dans le projet sans les restrictions qui les accompagnent, les compositeurs allemands accepteraient la nouvelle loi avec une reconnaissance sincère. »

M. Foa fait ressortir que les articles 21 et 26 (4°), en déchaînant le libre vandalisme des boîtes à musique et des chanteurs ambulants, contredisent formellement l'esprit général et généreux du projet, où le principe du « droit moral » semble avoir droit de cité. Invoquant l'expérience acquise par lui en sa qualité de représentant de la Société italienne des auteurs, il met également en garde contre les dangers de l'article 26, 3°; c'est une concurrence masquée que font aux professionels les Sociétés d'amateurs italiennes; leurs statuts, s'ils ne sont pas fictifs, appellent presque le passant; une vraie recette se perçoit sous prétexte de vestiaire ou de places réservées. Même s'il n'en était pas ainsi, pourquoi dépouiller l'auteur de leur faveur? La Cour de cassation italienne a eu le mérite de s'inspirer de ces réflexions dans une espèce récente.

M. WAUWERMANS, au nom de la Belgique qu'il représente et que pourrait atteindre la contagion d'une telle loi si elle était d'abord votée en Allemagne, s'élève avec plus d'énergie encore contre toute restriction, spécialement celle de l'article 26 (3º), apportée au droit d'exécution qui doit appartenir absolument à l'auteur. Les compositeurs belges n'ont guère pour champ de perception que les Sociétés, surtout dans les localités sans théâtre. Ils furent grandement en détresse à l'époque où les Sociétés prétendaient s'exonérer, vis-à-vis d'eux, de tout paiment, encouragées qu'elles étaient dans un intérêt électoral par certains protecteurs politiques. Des sociétés de gymnastique et autres se groupaient, affublées du titre de Sociétés réunies, sous la bannière d'un orphéon quelconque, puis quand passait par là une troupe d'artistes professionnels, il n'y avait plus de public pour elle. Mais la Cour de cassation a mis un terme à cet abus ; dès qu'il y a un public, c'est-à-dire d'autres auditeurs que les exécutants eux-mêmes, le droit d'auteur doit être acquitté, au même titre que l'impression du programme ou la location des banquettes.

M. OSTERRIETH déclare alors se rallier à la proposition faite précédemment par MM. Rœsch, Pfeiffer et Maillard et l'on passe à la discussion des articles de la loi, un à un lus et commentés par lui.

Par l'étude des articles 1 à 4, 6 à 8, M. OSTERRIETH résume la partie de son rapport relatif à la qualité d'auteur.

Sur l'article 3, M. MAILLARD déclare inique la présomption que les « personnes juridiques », simples éditeurs d'une œuvre, en sont « l'auteur ». Cette présomption entre les parties serait un empiètement sur la loi relative au contrat d'édition.

M. POULAIN indique le remède, c'est la substitution du mot « propriétaire » au mot « auteur » dans cet article qui vise le cas d'un travail publié sans signature sous les auspices d'une Société savante.

M. LE PRÉSIDENT exprime qu'à son sens il peut être légitimement question ici de toutes Sociétés, même commerciales, par exemple, la Société Hachette : sauf, cependant, bien entendu, les Sociétés en participation, où chacun garde sa personnalité.

Après un échange d'observation entre MM. FOA, PESCE et MAILLARD, sur la valeur respective des expressions « personnes juridiques » et « personnes morales », il conclut au renvoi à la Commission de ces questions de rédaction. Adopté.

M. OSTERRIETH définit maintenant par les énumérations de l'article 1, — non pas, il le regrette, ce qu'est une œuvre, — mais quelles sont les œuvres protégées. D'abord les « écrits » ; à ce mot, qui ne lui semble désigner par lui-même que le vêtement de l'idée, il croirait bon de substituer l'expression « œuvre littéraire ».

Tel n'est pas l'avis de M. MAILLARD; il signale le danger d'amener les juges, par une équivoque sur le sens du mot

« littéraire », à refuser les protections de la loi aux œuvres qu'ils taxeraient de médiocres.

Le mot « écrit » satisfait pleinement M. ENGELHORN, M. LE PRÉSIDENT, M. POULAIN, qui, cependant indique « œuvres de l'esprit ».

M. PESCE, estimant que les ouvrages à l'usage des aveugles constituent une œuvre plutôt plastique que graphique, propose l'expression « œuvres auditives, graphiques ou plastiques ». si l'on n'aime mieux que le soin de chercher la locution la plus exacte soit laissé à la Commission législative.

Non, certes, s'écrie M. EISENMANN, ce mot est la clef de voûte du projet de loi. Et une brève controverse s'engage entre lui, M. OPPERT, M. LE PRÉSIDENT, M. PESCE sur la possibilité ou l'impossibilité de protéger l'idée séparément de sa manifestation.

M. SOUCHON, ayant réclamé la clôture de cette discussion, M. MAILLARD, en parfait accord avec M. OSTERRIETH, fait ratifier par le Congrès la proposition d'annexer au vœu général final le vœu particulier, qu'à la place des mots « écrits et conférences » il soit recherché un mot unique et suppressif de toute énumération.

Sur le paragraphe 3 de l'article 1er, M. LE PRÉSIDENT, M. OSTERRIETH, M. MAILLARD s'étonnent que des droits d'auteur soient attribués isolément pour les figures incorporées à un livre.

Quant aux ouvrages plastiques, destinés à éclaircir des démonstrations, tels que : modèles d'anatomie, reliefs géographiques, construction pour la géométrie descriptive, etc., M. POULAIN opine qu'on peut les considérer comme des accessoires du livre.

Et M. MAILLARD expose, que ce qui les concerne devrait trouver place exclusivement dans la future loi sur la propriété artistique.

M. ENGELHORN repousse très nettement cette manière de voir. Dans cette future loi, il ne sera fait aucune allusion à des « figures techniques », qu'il sera toujours facile de distinguer des œuvres d'art, et dont il est opportun de parler dans la loi appelée à régir les éditeurs.

Cependant, MM OPPERT et OSTERRIETH demandent qu'un terme général soit recherché et substitué à l'énumération de l'article 1er.

M. ENGELHORN déclare avec fermeté qu'il ne s'y rallie pas et votera contre.

M. OSTERRIETH énonce l'article 10, qui, avec l'article 44, constitue la sauvegarde du droit moral; il explique que la loi ne précise pas si ces dispositions sont applicables même après la mort de l'auteur, mais que l'exposé des motifs conclut formellement à l'affirmative; il est personnellement hostile à cette conclusion, mais il ne revient pas sur cette question, puisque, dans la discussion sur le rapport relatif au droit moral, le Congrès a émis un vœu conforme, sur ce point, à l'opinion des rédacteurs du projet.

4

Sur une question de M. Bætzmann, M. Engelhorn assure que, par conséquence de l'article 10, un éditeur ne saurait se passer de l'autorisation de l'auteur pour le remaniement d'œuvres même dont la condition normale serait d'être chroniquement remaniées, statistiques, guides Bœdeker...

A moins d'avoir stipulé à cela une dérogation dans le contrat d'édition, ajoute M. Lermina.

M. Rabel rappelle quelle sanction est attachée à l'article 10 par l'article 45 et demande, d'accord avec M. Osterrieth, qu'il y soit ajouté la sanction de l'article 42, qui ordonne la destruction du matériel de la contrefaçon ; car il est prudent de ne pas laisser à l'éditeur coupable la garde des exemplaires qui lui permettraient d'aggraver son délit.

M. le Président, MM. Lermina, Batzmann et Oppert commentent le deuxième alinéa de l'article 44, qui interdit notamment la reproduction de lettres missives privées par leur expéditeur.

M. Engelhorn fait observer que cet article ne vise que les correspondances sans caractère littéraire, il ne comprend pas comment une disposition de ce genre peut trouver place dans une loi qui a pour but unique la protection des œuvres littéraires.

M. Rabel s'oppose à la suppression parce qu'il en résulterait en effet la non protection desdites correspondances et qu'il pourrait y avoir longtemps à attendre avant que la lacune ne fût comblée.

M. Pesce soutient qu'il est dangereux de faire une distinction entre les lettres missives qui ont un caractère littéraire et les autres ; toute lettre est une manifestation de la pensée et à ce titre doit être protégée.

MM. Mack et Maillard pensent de même et concluent en conséquence au rejet de l'article.

Le Congrès adopte cette opinion.

Quant à l'article 12 qui, avec les articles 13, 14 et 16, fixe le droit pécuniaire de l'auteur, M. Osterrieth propose d'en remplacer l'énumération par les mots « droits de reproduction » et de supprimer l'expression « répondre professionnellement » dont le sens juridique en allemand implique l'idée soit d'action continuelle, soit de rétribution...

M. Desjardin estime qu'en effet, même dans un but de distribution gratuite, la reproduction d'une œuvre sans le consentement de son auteur lèse cet auteur.

M. Maillard fait remarquer que les moments du Congrès sont maintenant comptés : si l'on discute tous les détails du projet et vote sur chaque question, le Congrès n'achèvera pas sa tâche ; je propose que M. Osterrieth n'insiste plus que sur les points particulièrement dignes de discussion ou d'une importance spéciale, là-dessus des vœux formels seront émis ; pour le reste, il n'y a qu'à s'en rapporter au travail écrit de M. Osterrieth et quant aux observations de rédaction ou de détail présentées par les membres du Congrès, il en sera tenu compte dans le rapport définitif que présentera M. Osterrieth pour faire connaître au gouvernement allemand les résultats des travaux du Congrès.

Cette proposition est adoptée.

M. Osterrieth, poursuivant son examen du projet, signale que l'insuffisante latitude des expressions du projet de loi laisse hors de protection les œuvres dramatiques non écrites ; ainsi, une chorégraphie ou une pantomime, dont la mise en scène n'aurait pas été notée textuellement au cours des répétitions, ne sera pas protégée contre le cinématographe. Il signale également comme abusif le droit pour quiconque de reproduire par la récitation, sans paiement de droits à l'auteur, toute œuvre publiée, drame, poésie, conférence.

M. Lermina proteste avec véhémence contre un tel abus : une conférence est par excellence le produit, la propriété de son auteur ; même s'il l'a publiée, il doit appartenir à lui seul de déterminer devant quel public, par quel organe elle sera parlée.

Le droit moral du conférencier doit être respecté, appuie M. Fœa.

M. Baetzmann et plusieurs membres du Congrès joignent leur énergique protestation, spécialement contre l'expropriation des auteurs par des récitants.

Cependant, M. Engelhorn répond que l'intérêt du public allemand doit ici primer celui des auteurs ; il demande qu'il lui soit donné acte de son absolue opposition contre toutes propositions tendant à diminuer le privilège des récitants de poème, privilège acquis, comme par prescription, par la force d'habitudes enracinées.

Plus un abus est invétéré, riposte M. Eisenmann, plus il importe de le déraciner.

Le Congrès décide qu'un vœu spécial sera formulé tendant à l'interdiction de la récitation sans le consentement de l'auteur de toutes œuvres même publiées.

A propos du droit de remaniement, une observation de M. Maillard sur l'alinéa 1 de l'article 14 : « A quoi bon dire qu'il est permis d'utiliser librement l'œuvre, pourvu qu'il soit créé une œuvre originale ? » La règle n'est point exacte, car le deuxième alinéa interdit l'utilisation des mélodies, et il est inutile de dire ce qui est interdit ; et, naturellement, ce qui n'est pas interdit est permis.

A propos de l'article 16 (4°), M. Osterrieth réclame seulement que la libre reproduction, *en brochure*, d'un discours politique ne soit pas autorisée. Le journal est un suffisant agent d'information politique. Ainsi un éditeur a tiré et vendu 300,000 exemplaires de certain discours d'Eugène Richter ; il n'aurait pas dû pouvoir tirer profit de cette édition sans le consentement de l'auteur.

C'est toujours dans un but de lucre que sont faites ces éditions, dit M. Lermina.

« Souvent dans un but de propagande », rectifie M. Engelhorn, partisan de la liberté de reproduction, « en brochure, dans un but de polémique »

Qu'au moins, déclare M. Pesce, une telle reproduction soit frappée d'un impôt suivant le principe du domaine public payant, présenté à Monaco.

M. le Président et M. Baetzmann ajoutent une considération en faveur de l'interdiction de reproduire librement par la brochure ; c'est qu'en cas de reproduction tronquée, faite par un adversaire, la victime est plus désarmée contre la brochure que contre le journal.

La séance est levée à midi ; la suite de la discussion est renvoyée au 30 septembre, matin.

Le secrétaire :
Gabriel Lefeuve.

HUITIÈME SÉANCE. — 30 septembre.

Présidence de M. Eugène POUILLET.

Prennent place auprès de lui :

MM. le baron de Marschall, Jules Oppert, Henri Morel, Wauwermans, Engelhorn.

Secrétaire : M. Jean Lobel.

La séance est ouverte à neuf heures un quart.

M. LE PRÉSIDENT donne lecture d'une note de S. Exc. M. le ministre de la justice dans laquelle il exprime les regrets de S. A. R. le Grand-Duc de n'avoir pu arriver en temps voulu pour assister à la représentation offerte aux congressistes.

M. OSTERRIETH, rapporteur, reprend la discussion des articles du projet de loi allemand.

Il donne lecture de l'article 17 ainsi conçu :

« Art. 17. — Ne constitue pas une contrefaçon le fait de reproduire sans modification essentielle :

« 1o Des informations de faits appartenant à l'actualité ou aux faits divers publiés par les journaux ou revues;

« 2o Des articles isolés de journaux ne portant pas la mention d'interdiction de toute reproduction ou une mention de réserve générale des droits.

« Toutefois, la source où sont puisées ces reproductions doit être indiquée distinctement.

« Est absolument interdite la reproduction de travaux de nature scientifique, technique ou récréative ».

M. OSTERRIEHT rappelle que la question ainsi réglée a été déjà traitée à Monaco et à Turin par le regretté Bataille et par lui-même, et il propose de reprendre les mêmes vœux, la rédaction en étant légèrement modifiée.

M. BAETZMANN fait observer que les usages ne sont pas partout les mêmes. L'obligation de citer la source existe en Norvège de même que la faculté de mettre la mention « reproduction réservée »; en dehors de cela, liberté absolue, et il ne croit pas nécessaire de s'occuper de la question.

M. Jules LERMINA s'élève contre cette théorie; il veut qu'on rappelle le principe, c'est-à-dire : l'interdiction absolue de reproduire des articles. L'usage qui s'est établi ne peut prévaloir contre les droits des auteurs. Un journaliste doit avoir le droit d'interdire la reproduction d'un article purement politique; il doit être protégé comme tous les hommes de lettres.

M. LE PRÉSIDENT appuie et dit que le Congrès doit soutenir la proposition déjà votée à Monaco et à Turin.

M. BAETZMANN répond que tout en appréciant les raisons qui lui sont données, il ne veut pas que l'on fasse pour les journalistes des dispositions spéciales ; si ils veulent être considérés comme les gens de lettres, qu'ils se contentent des dispositions générales de la loi ; il déclare voter contre la proposition.

M. OSTERRIETH dit que ce n'est pas là une proposition nouvelle, mais simplement le rappel d'un vœu exprimé dans les précédents congrès. Il donne lecture du vœu suivant :

« Que tous les articles de journaux soient protégés sans distinction et sans nécessité d'une mention de réserve, en tenant compte, toutefois, du droit de citation, dans la mesure des besoins de la discussion publique. »

M. BAETZMANN demande qu'il soit donné lecture du vœu voté à Turin.

M. OSTERRIETH donne lecture du dit vœu ainsi conçu :

1º Il est désirable que les articles de journaux soient protégés comme toutes œuvres de l'esprit, sans nécessité d'aucune mention de réserve ;

2º Toutefois, il faut admettre un droit de citation dans la mesure des besoins de la discussion politique ;

3º La reproduction d'une information de presse pure et simple est interdite lorsqu'elle revêt un caractère de concurrence déloyale.

M. POUILLET dit que le principe est le même.

M. BAETZMANN désire que l'on ne change rien à la rédaction de l'article 17.

M. POUILLET fait observer que le but du Congrès est d'obtenir du gouvernement allemand des modifications au projet de loi et qu'on ne peut laisser passer l'article 17 sans observations.

M. MAILLARD, rapporteur général, déclare qu'il y a des vœux de principe que le Congrès a le devoir de voter.

M. BAETZMANN ne croit pas cela nécessaire.

La question est mise aux voix ; le vœu est adopté à l'unanimité, moins une voix, M. Baetzmann s'étant abstenu.

M. OSTERRIETH passe à l'article 18, chapitre 2, droit de citation :

Art. 18. — Ne constitue pas une contrefaçon :

« 1º La reproduction de passages ou petites parties d'un écrit déjà édité dans un ouvrage littéraire indépendant ;

« 2º La reproduction de poésies, d'articles de peu d'étendue ou de petites parties d'un écrit, après leur édition, dans un ouvrage scientifique ayant un caractère propre ;

« 3° La reproduction de poésies, d'articles de peu d'étendue ou de petites parties d'un écrit, déjà édités, dans un recueil où sont réunis les ouvrages d'un certain nombre d'auteurs, pour l'usage du culte, des écoles ou de l'enseignement. »

Le RAPPORTEUR dit que le projet présente une amélioration sur ce qui se fait actuellement, et bien que la nouvelle rédaction ne donne pas satisfaction complète, il craindrait de heurter des habitudes invétérées en Allemagne en demandant davantage, et il croit qu'il est oiseux de faire des observations.

M. POUILLET, tout en regrettant que le principe de la propriété de l'auteur soit violé, croit qu'il est en effet opportun de se contenter pour le moment de ce qui est accordé.

M. ENGELHORN, président du Börsenverein, dit que la loi actuelle permet de faire des anthologies sans l'autorisation des auteurs ; il sait qu'il y a des abus ; il croit que l'on peut modifier cela au moyen d'une entente entre auteurs et éditeurs, mais il estime qu'il est nécessaire de pouvoir faire librement des emprunts pour publier des anthologies qui répondent à un besoin public et sont favorables à la réputation des auteurs dont on publie ainsi les œuvres. Il ajoute qu'il serait impossible d'obtenir les autorisations si on avait à les demander.

M. Jules LERMINA réplique qu'il y a dans cette question deux points importants pour l'auteur :

1° Le principe qui veut qu'on ne publie rien de lui sans son autorisation ; ce principe est violé.

2° Une bonne affaire pour l'éditeur qui vend très bien ses anthologies et qui de plus, ne paie pas de droits aux auteurs.

Or, on ne s'explique pas pourquoi ce qui est toujours un bonne affaire pour l'éditeur ne donne pas aussi une part aux auteurs qui fournissent la matière du livre.

Quant à l'impossibilité d'obtenir des autorisations, ce n'est pas soutenable ; l'exemple des maisons Hachette, Lemerre etc., est là pour prouver que l'on peut publier des anthologies en demandant des autorisations à ceux dont on emprunte les œuvres.

Il regrette que les dispositions de l'article 18 perpétuent un état de choses qui est la négation du droit de l'auteur sur son œuvre.

M. OSTERRIETH donne lecture de l'article 19 :

« Ne constitue pas une contrefaçon le fait de prendre un écrit, déjà publié, comme texte pour une nouvelle œuvre musicale et de le reproduire conjointement avec cette œuvre.

« Par contre, il est interdit de reproduire un écrit destiné par sa nature à servir de texte à une composition musicale ou ayant paru pour la première fois en union avec une œuvre musicale. »

La tolérance accordée aux éditeurs pour les anthologies est réclamée par les compositeurs qui veulent pouvoir impunément mettre en musique un poème quelconque sans que l'auteur puisse s'y opposer.

Le deuxième alinéa est une contradiction du premier, car il crée un privilège en faveur des textes écrits pour être mis en musique.

M. Victor SOUCHON s'élève contre les dispositions de cet article.

Il ne peut admettre qu'un musicastre quelconque puisse s'emparer de l'œuvre d'un poète sans l'autorisation de ce dernier.

M. FERRUCIO-FOA signale le cas du *Cyrano* de Rostang. M. Léon Cavallo avait demandé l'autorisation de tirer un livret du *Cyrano*. M. Rostang qui était déjà d'accord avec M. Massenet et qui croyait bon de s'en tenir à la version de celui-ci n'a pas donné l'autorisation à M. Léon Cavallo.

Avec les dispositions de l'article 19, M. Rostang eût été désarmé et, dans un cas semblable, tout le monde pourra, en Allemagne, mettre en musique le « *Cyrano* », sans que M. Rostang puisse s'y opposer. On avouera que c'est fâcheux pour le poète.

M. PFEIFFER croit que c'est sans inconvénients et confesse qu'il lui est arrivé d'emprunter des poésies pour les mettre en musique sans demander d'autorisations.

M. Jean LOBEL fait remarquer que, dans l'article 19, si le paragraphe premier donne aux compositeurs le moyen de s'emparer des œuvres des auteurs qui se trouvent ainsi lésés, en revanche dans le paragraphe deuxième, on crée une catégorie de productions littéraires qui échappent à tous les pillages, les textes pour compositions musicales, les seules œuvres littéraires complètement protégées.

M. OSTERRIETH cite les articles 23 et 24 sans s'y arrêter et critique les dispositions de l'article 25 ainsi conçu :

« Art. 25. — La faculté de reproduire aux termes des articles 16 et 23 l'œuvre d'autrui, sans le consentement de l'ayant droit, implique aussi la faculté de la répandre, de la représenter, de l'exécuter publiquement. »

Il signale que cet article consomme l'expropriation dont sont frappés les compositeurs de musique en ce qui regarde l'usage de leurs compositions par les fabricants d'instruments mécaniques

M. Victor SOUCHON s'élève vivement contre cette spoliation du droit des compositeurs.

Le RAPPORTEUR donne lecture des articles 13 et 20 relatifs aux compositions musicales, question des arrangements, article 13, et droit de citation, article 20.

Ces articles ne donnent lieu à aucune observation.

Vient ensuite l'article 21 :

« ART. 21. — Ne constitue pas une contrefaçon la transcription d'une œuvre musicale éditée sur des appareils d'instruments servant à reproduire mécaniquement des airs de musique ; sont considérés également comme appareils visés par la présente disposition les disques, les planches, cylindres, bandes, etc., interchangeables. »

Le rapporteur combat cet article qui est contraire à tous les principes du droit d'auteur.

Il croit néanmoins que l'on doit faire une proposition transactionnelle et fixer un tant pour cent de redevance à payer à l'auteur ou à l'éditeur.

M. ENGELHORN dit qu'en principe il est d'accord pour que le droit des compositeurs soit respecté, mais il constate que les rédacteurs de la loi, en adoptant cet article, ont tenu à favoriser une industrie importante et très florissante en Allemagne, celle des fabricants d'instruments de musique mécaniques.

M. POUILLET ne s'explique pas la raison économique qui fait que si une industrie est florissante, il soit nécessaire de la favoriser au détriment d'autres branches d'industrie, les éditeurs de musique sont aussi intéressants que les fabricants d'instruments.

M. Jean LOBEL fait remarquer que jusqu'alors l'Allemagne a été avec l'Italie le seul pays ne donnant pas licence aux fabricants de s'emparer librement de toute la musique du domaine privé et que néanmoins cela n'a pas empêché l'industrie allemande des instruments mécaniques de prospérer et d'inonder le monde de ses produits.

M. ENGELHORN croit que cette industrie n'a été florissante jusqu'à présent que parce que les revendications des compositeurs et éditeurs ne se sont pas produites immédiatement; mais les derniers procès gagnés par les éditeurs de musique ont jeté l'alarme.

M. VICTOR SOUCHON dit que l'on choisit le moment où les fabricants d'instruments mécaniques font des affaires considérables pour apporter encore à leur industrie les dépouilles des compositeurs et des éditeurs de musique, légitimes propriétaires des œuvres que les fabricants pillent sans vergogne.

M. GEORGES MAILLARD déclare que la question est des plus importantes; il réclame un vœu spécial.

M. ROESCH déclare ne rien vouloir ajouter à ce qu'il a déjà dit; il votera la proposition de M. Osterrieth, mais il ne veut pas de question subsidiaire et s'oppose à la fixation d'un *quantum* permettant l'emprunt du répertoire.

La proposition Osterrieth, ainsi conçue :

Le Congrès émet le vœu :

Que l'adaptation d'une œuvre musicale à des instruments mécaniques de musique soit assimilée aux autres droits d'auteurs.

Le vœu est adopté à l'unanimité.

La question subsidiaire réglant un *quantum* pour obtenir la franchise est repoussée.

M. Osterrieth rappelle le texte de l'article 12 :

« Le droit d'auteur, à l'égard d'une œuvre scénique ou d'une
« œuvre musicale, comprend le droit exclusif de la représenter ou
« de l'exécuter publiquement. »

M. le Rapporteur se félicite de trouver cette rédaction si générale et si généreuse dans la loi, mais il déplore que dans l'article 26
on se soit efforcé de détruire presque tout ce que contenait de bon
l'article 12.

L'article 26 est ainsi conçu :

« Le consentement de l'ayant droit n'est pas nécessaire pour
l'exécution publique d'une œuvre musicale déjà éditée, lorsque
cette exécution n'est pas organisée dans un but industriel et
lorsque les auditeurs y prennent part sans rémunération. Au
reste, les exécutions non consenties par l'ayant droit ne sont permises que dans les cas suivants :

« 1° Lorsqu'elles ont lieu dans des fêtes populaires, à l'exclusion
des fêtes musicales, ou dans les divertissements de la danse ;

« Lorsqu'elles sont organisées dans un but de bienfaisance et
que les exécutants n'obtiennent aucune rétribution pour leur
travail ;

. « 3° Lorsqu'elles sont organisées par des Sociétés dont les
membres seuls, y compris leur famille, sont admis comme auditeurs ;

« 4° Lorsqu'elles consistent en productions de chanteurs ou
musiciens ambulants, dépourvues d'un intérêt artistique.

« Ces prescriptions ne s'appliquent pas à la représentation
scénique d'un opéra ou d'une autre œuvre musicale accompagnée
d'un texte. »

Le Rapporteur croit que le gouvernement a voulu ménager la
transition et ne pas heurter trop brusquement les habitudes
actuelles et qu'on aura de la peine à faire modifier l'article 26 ;
néanmoins, il estime que les bals publics ne doivent pas être dis-
pensés de la redevance due aux auteurs.

On doit dire aussi que les Sociétés ne devront compter que des
exécutants, car il est inadmissible que l'on puisse créer des Sociétés
de musiciens et d'auditeurs qui se soustrairaient aux droits d'auteur.

Il fait la proposition suivante :

Que le Congrès, tout en faisant ses réserves contre le principe
même des restrictions établies dans l'article 26, émette le vœu
qu'en tous cas :

1° Il soit ajouté au n° 1, après le mot « divertissement », le mot
« populaire »;

2° Que la restriction du n° 3 soit limitée aux Sociétés composées
de membres exécutants.

M. Victor Souchon combat l'article 26 ; il demande ce que veulent dire les mots : *but industriel* et dans quel sens on entend le mot *Société*.

Une Société non musicale pourra-t-elle invoquer l'article 26 pour se soustraire à la demande d'autorisation ?

Il demande encore qui sera juge de *l'intérêt artistique supérieur* dont il est parlé au paragraphe 4 et termine en demandant la suppression de l'article 26.

M. FERRUCCIO-FOA, délégué de la Société italienne des Auteurs, s'associe à la demande de M. Souchon ; il déclare que l'expérience faite en Italie démontre que l'article 26 serait la source de nombreuses fraudes et d'innombrables procès.

M. ROESCH déclare que le droit d'exécution n'est pas seulement une question matérielle, mais aussi une question d'intérêt artistique et un droit moral que les dispositions de l'article 26 ne permettent pas d'exercer ; il croit que seul le compositeur a qualité pour juger de la valeur artistique des exécutants et s'il a à autoriser ou à défendre.

Le vœu mis aux voix est adopté.

On vient ensuite à la discussion de l'article 9.

Cession du droit pécuniaire. Saisie.

« ART. 9. — Le droit de l'auteur passe à ses héritiers.

« Ce droit peut être transmis à des tiers avec ou sans restriction.

« En particulier, il est permis de formuler une restriction en ce sens que l'autorisation de répandre l'œuvre n'est accordée que pour un territoire déterminé. »

M. RABEL s'élève contre la rédaction de cet article ; il trouve que c'est un attentat contre le droit moral de l'auteur, car on ne prévoit pas le cas d'un légataire qui pourrait être désigné par l'auteur pour défendre son œuvre, même contre ses héritiers naturels.

Il demande que l'on assimile le légataire aux héritiers.

M. Georges MAILLARD lui promet de consigner son observation au rapport général.

M. OSTERRIETH cite les articles relatifs à la durée de protection.

« Art. 28. — La protection du droit d'auteur prend fin pour les écrits, conférences et figures, trente ans après la mort de l'auteur et dix ans après la première publication de l'œuvre. Quand la publication n'a pas lieu jusqu'à l'expiration de trente ans après la mort de l'auteur, la présomption est que le droit d'auteur a passé au propriétaire de l'œuvre.

« Art. 29. — Lorsque le droit d'auteur sur une œuvre appartient à plusieurs collaborateurs en commun, l'expiration du délai de protection sera déterminée, si elle dépend de la mort de l'auteur, par le décès du dernier survivant.

« Art. 30. — Pour les œuvres sur lesquelles, lors de la première publication, le vrai nom de l'auteur n'est pas indiqué conformément aux prescriptions de l'article 8, alinéa 1er, la protection prend fin à l'expiration de trente ans à partir de la publication.

« Si, dans le délai de trente ans, le vrai nom de l'auteur a été notifié à l'enregistrement (art. 58), soit par l'auteur lui-même, soit par ses ayants cause, les prescriptions de l'article 29 sont applicables.

« Art. 31. — Dans le cas où le droit d'auteur appartient à une personne morale, d'après les articles 3 et 4, la protection prend fin à l'expiration de trente ans à partir de la publication.

« Art. 32. — Les dispositions concernant la durée de la protection s'appliquent aux œuvres musicales avec cette modification que le délai de trente ans est remplacé par un délai de cinquante ans.

« Art. 33. — Dans les cas prévus par les articles 30, alinéa 1er, et 31, la protection prend fin à l'expiration des délais fixés dans les articles 28, 29 et 32, lorsque l'œuvre n'aura été publiée qu'après la mort de l'auteur.

« Art. 34. — Pour les œuvres composées de plusieurs volumes publiés par intervalle, ainsi que pour les bulletins ou cahiers publiés par séries, chaque volume, bulletin ou cahier est, pour le calcul de délais, considéré comme ouvrage séparé.

« Pour les ouvrages publiés par livraisons, le délai ne compte qu'à dater de la publication de la dernière livraison.

« Art. 35. — Les délais courent à partir de la fin de l'année dans laquelle est mort l'auteur ou a été publiée l'œuvre.

« Art. 36. — Lorsque la protection accordée par la présente loi dépend du fait que l'œuvre a été éditée ou publiée autrement, il est uniquement tenu compte de la publication opérée d'une manière licite. »

Le RAPPORTEUR fait deux observations :

1° Il constate le sérieux progrès obtenu en faveur des œuvres musicales et demande que le bénéfice de la prolongation de durée soit accordé aux œuvres littéraires.

2° En ce qui concerne les œuvres posthumes, il trouve le délai de dix ans trop court et demande qu'il soit porté à trente ans.

M. POUILLET demande si, au bout de cent ans après la mort de l'auteur, l'œuvre posthume est encore protégée dix ans après la première publication?

M. OSTERRIETH répond affirmativement.

M. PFEIFFER réclame au nom des héritiers des compositeurs une durée de protection plus longue pour les œuvres posthumes.

M. ENGELHORN, signalant la différence qui existe entre le délai accordé pour les œuvres littéraires et celui des œuvres musicales, estime que ce double délai répond aux vœux des intéressés ; les éditeurs de musique trouvent désirable que l'on porte à cinquante ans la durée de la protection pour les œuvres musicales ; les libraires estiment que le délai de trente ans est suffisant ; ils ont peur des complications de la période de transition et des difficultés qu'ils auraient avec les héritiers des auteurs. D'ailleurs, ils font remarquer que peu d'œuvres se vendent pendant trente ans ; on en peut à peine citer trois cents pour toute la production de l'Allemagne actuelle.

M. le chevalier Pesce demande la perpétuité du droit d'auteur jusqu'à extinction de lignée.

Il renouvelle le vœu formulé par lui au congrès de Turin :

« La durée du droit des auteurs et de leurs héritiers directs est indéfinie jusqu'à extinction de leur lignée.

« La durée du droit des concessionnaires sera limitée à une période à déterminer, à charge par eux de payer une redevance à l'Etat. »

M. Otto Muhlbrecht regrette l'inégalité de traitement accordé aux œuvres littéraires et musicales ; si l'on fait abstraction de la perpétuité, tous les délais sont arbitraires ; il croit que trente ans suffisent, mais il n'est pas opposé à ce qu'on accorde cinquante ans, à la condition cependant que ce délai s'applique aussi bien aux œuvres littéraires qu'aux œuvres musicales.

M. Vaunois rappelle qu'il a soutenu la proposition de M. le chevalier Pesce au congrès de Monaco, mais il ne croit pas opportun de la renouveler ici. Parlant des œuvres posthumes, il demande à M. Osterrieth une explication de l'article 28. Il explique qu'en France un manuscrit peut être confié à un tiers sans que ce dernier en soit le propriétaire ; il demande si la publication faite par le tiers ferait courir le délai de durée. Il estime qu'il est à désirer que le délai ne coure que du fait du véritable ayant droit.

M. Osterrieth répond que tel est l'esprit du projet de loi.

M. Georges Maillard appuie M. Muhlbrecht et dit qu'il n'y a aucune raison d'accorder moins aux littérateurs qu'aux musiciens.

Or, tout le monde est d'accord pour accorder cinquante ans aux compositeurs, M. Engelhorn le reconnaît, il faut aussi demander cinquante ans pour les auteurs. La question de la période de transition qui effraie les libraires est sans importance ; elle n'est pas plus difficile pour les libraires que pour les éditeurs de musique. Quant au silence des auteurs invoqué, ce n'est qu'un mauvais prétexte ; si un délai de cinquante ans de protection est nécessaire aux compositeurs, il faut aussi accorder cinquante ans aux auteurs.

M. Engelhorn dit que M. Maillard n'a pas compris sa pensée, qu'il a voulu dire que les œuvres musicales mettent plus de temps à se produire que les livres et que le succès de ces derniers est plus vite épuisé ; de plus, il pense que l'on doit tenir compte de l'intérêt du public, qui est en opposition avec celui de l'auteur.

M. Muhlbrecht demande que le Congrès émette le vœu que ce délai de protection accordé aux œuvres littéraires soit le même que celui accordé aux œuvres musicales.

M. Pouillet dit que pour la durée uniforme tout le monde est d'accord; mais que le Congrès ne peut voter une proposition capable de motiver l'unification sur le terme de trente ans.

M. Poulain, parlant de l'article 38 (publications en plusieurs volumes), demande qu'on oblige l'éditeur à publier dans un délai fixé, et croit que la durée de protection devrait partir de la publication du dernier volume.

M. Pouillet fait observer qu'il suffirait de ne pas publier le dernier volume pour obtenir pour les autres la perpétuité de la protection.

M. Georges Maillard propose de voter le vœu présenté par M. Osterrieth. Il dit que dans tous les congrès on a cherché à obtenir l'unification des législations. Or, dans l'espèce qui nous occupe, nous voyons la France avec le délai de cinquante ans *post mortem*, l'Autriche cinquante ans, l'Italie qui veut modifier sa loi et qui se propose d'adopter la durée de cinquante ans *post mortem*, il faut donc demander aux législateurs allemands d'adopter le délai de cinquante ans et de l'appliquer aussi bien aux œuvres littéraires qu'aux œuvres musicales.

M. Pouillet demande une modification au texte et propose la rédaction suivante : Le congrès exprime le vœu *que la durée de la protection soit uniforme pour toutes les œuvres visées par le projet de loi, qu'elle soit portée à cinquante ans après la mort de l'auteur.*

M. le chevalier Pesce demande à ce qu'on ne fixe pas de chiffre.

M. Pouillet répond qu'entre les deux durées, il faut faire un choix et que, par conséquent, la plus longue s'impose.

M. Muhlbrecht déclare adopter la rédaction de M. Pouillet.

Le vœu mis au voix est adopté à l'unanimité, moins la voix de M. Engelhorn.

M. Engelhorn, revenant à l'article 28, demande une protection pour les œuvres princeps, c'est-à-dire pour la publication d'une œuvre découverte, une tragédie de Sophocle par exemple.

M. Oppert s'élève avec vivacité contre cette théorie ; il ne croit pas que l'on puisse se créer des propriétés en s'emparant de documents que l'on arrache à l'antiquité.

M. Pouillet dit que la question est intéressante, mais il ne croit pas que les œuvres du genre de celles désignées par MM. Engelhorn et Oppert soient à proprement parler des œuvres posthumes et qu'il n'y a donc pas lieu de la discuter ici.

M. Osterrieth donne lecture des articles relatifs à l'enregistrement des œuvres anonymes et pseudonymes.

« Art. 58. — Le registre qui doit contenir les inscriptions prévues dans l'article 30 sera tenu par la munipalité de Leipzig. Celle-ci opère les inscriptions sans avoir à contrôler ni la qualité du requérant ni l'exactitude des faits déclarés pour l'effet de l'enregistrement.

« Lorsque l'inscription est refusée, l'intéressé peut recourir au chancelier de l'empire.

« Art. 59. — Le chancelier de l'empire édictera les prescriptions concernant la tenue du registre. Chacun est autorisé à en prendre connaissance. Pourront être délivrés des extraits du registre qui devront être certifiés sur demande.

« Les inscriptions seront rendues publiques dans le *Bœrsenblatt für den deutschen Buchhandel*, et, dans le cas où ce journal cesserait de paraître, dans un journal à désigner par la chancellerie de l'empire,

« Art. 60. — Les requêtes, procès-verbaux, attestations et autres documents concernant l'inscription dans le registre sont exempts du timbre.

« Pour toute inscription, pour tout certificat d'inscription, ainsi que pour tout autre extrait du registre, il sera perçu 1 mark 50 pf. ; en outre, le requérant doit payer les frais de publication de l'inscription. »

Ces articles ne donnent lieu à aucune observation.

M. Osterrieth s'occupe ensuite des articles 37, 38 et suivants : Atteintes portées au droit d'auteur.

Art. 37. — Quiconque commet une contrefaçon, soit intentionnellement, soit par négligence, est tenu d'indemniser l'ayant droit.

Art. 38. — Quiconque, avec intention, répand professionnellement une œuvre en violant le droit exclusif de l'auteur, est tenu d'indemniser l'ayant droit.

Art. 39. — Quiconque représente, exécute ou débite en public, intentionnellement ou par négligence, une œuvre en violation du droit exclusif de l'auteur est tenu d'indemniser l'ayant droit. La même obligation incombe à quiconque représente publiquement, par intention ou par négligence, une adaptation dramatique interdite par l'article 13.

Art. 40. — Est frappé d'une amende qui peut s'élever jusqu'à 3,000 marcs :

1° Quiconque commet intentionnellement une contrefaçon ;

2° Quiconque, avec intention, répand professionnellement une œuvre en violant le droit exclusif de l'auteur ;

3° Quiconque représente, exécute ou débite en public intentionnellement une œuvre en violation du droit exclusif de l'auteur, ou quiconque représente intentionnellement en public une adaptation dramatique interdite par l'article 13.

Dans le cas où une amende non recouvrable doit être convertie en un emprisonnement, celui-ci ne devra pas dépasser la durée de six mois.

Art. 41. — Sur la demande de l'ayant droit, le tribunal pourra prononcer, outre l'amende, le payement à l'ayant droit d'une

somme à titre de réparation (*Busse*), somme pouvant s'élever jusqu'à 6,000 mars et que les condamnés sont tenus de payer comme
codébiteurs solidaires.

La condamnation à une somme en réparation exclut toute
demande ultérieure en dommages-intérêts.

Le rapporteur dit que la mauvaise foi est très difficile à établir
dans l'état actuel de la législation ; c'est pourquoi il propose de
modifier l'article 38.

Il demande :

Qu'on ajoute après le mot « intentionnellement » ces mots « ou
par négligence » et que le mot « professionnellement « soit supprimé.

Que dans l'article 40 :

On ajoute, à chacun des trois paragraphes, après le mot « intentionnellement » les mots « ou par négligence ».

M. OTTO MUHLBRECHT dit qu'il est en effet très rare actuellement,
de pouvoir établir la mauvaise foi ; il appuie la proposition
Osterrieth.

M. le commandeur SICORÉ citant l'art. 41, lui reproche de fixer
à priori le dommage causé ; il demande la suppression de cette
disposition.

M. OSTERRIETH lui fait observer que l'on a le choix et que l'on
peut demander des dommages-intérêts ou la somme à titre de
réparation (*Busse*) ; le paragraphe 2 l'explique.

M. POUILLET dit que l'on est obligé de tenir compte du code civil
germanique.

LE RAPPORTEUR expose ensuite les articles relatifs à la protection des auteurs étrangers en Allemagne :

« Art. 55. — Jouissent de la protection tous les ressortissants à
l'Empire pour toutes les œuvres publiées et non publiées.

« Art. 56. — Les auteurs ne ressortissant pas à l'Empire jouissent de la protection pour toute œuvre qu'ils feront éditer sur
territoire allemand, à moins d'avoir fait paraître l'œuvre elle-
même ou une traduction à l'étranger un jour antérieur à l'époque
de la production faite en Allemagne.

« Dans les mêmes conditions, ils jouissent de la protection pour
toute œuvre dont ils éditent une traduction sur territoire allemand ;
la traduction est considérée dans ce cas comme l'œuvre originale ».

Art. 57. — Les auteurs ne ressortissant pas à l'Empire jouissent
pour les œuvres éditées, pour la première fois dans une localité
qui fait partie de l'ancienne Confédération germanique, sans faire
partie de l'Empire allemand, de la protection de la présente loi,
pourvu que les lois en vigueur dans cette localité garantissent aux
œuvres publiées sur le territoire de l'Empire allemand la même
protection qu'aux œuvres indigènes ; toutefois la durée de la
protection sera réduite à « celle fixée par les lois de la localité où
l'œuvre aura été éditée. Il en est de même des œuvres non
publiées d'auteurs n'appartenant pas à l'Empire allemand, mais
aux territoires désignés ci-dessus ».

M. Osterrieth fait remarquer que, d'après les articles 55 et 56, les auteurs étrangers ne sont pas *a priori* protégés en Allemagne et il s'élève contre cette disposition de la loi.

M. Engelhorn ne croit pas désirable de protéger les étrangers appartenant à des pays qui ne font pas partie de l'Union.

M. Osterrieth déclare que l'on doit donner le bon exemple et protéger tout le monde.

M. Pouillet cite la France et la Belgique qui assurent la protection à tous les auteurs, que leurs pays respectifs assurent la réciprocité ou non.

M. Otto Muhlbrecht est d'accord avec M. Engelhorn pour qu'on ne protège pas les citoyens des pays non unionistes.

M. Osterrieth fait remarquer quelle situation déplorable a eue l'Allemagne quand il s'est agi pour ses citoyens de bénéficier du copyright bill de 1891 promulgué aux Etats-Unis; on a dû faire un traité désastreux.

M. Wauwermans donne un exemple de l'inconvénient de la situation actuelle : des éditeurs allemands publiant des œuvres d'un Roumain se font condamner en Belgique pour contrefaçon et débit de contrefaçon; on éviterait cela en respectant les œuvres des compositeurs roumains. Le Luxembourg est aussi libéral que la Belgique. On sait d'ailleurs que c'est favoriser la production nationale que de protéger les étrangers.

M. Pouillet met aux voix le vœu suivant :

« Que les auteurs étrangers soient assimilés, en ce qui con-
« cerne la protection de leurs droits d'auteur, aux nationaux alle-
« mands. »

Le vœu est adopté à l'unanimité, moins les voix de MM. Engelhorn et Muhlbrecht.

M. Victor Souchon rappelle qu'il est nécessaire de supprimer l'article 67 et de demander l'application intégrale des dispositions de l'article 66.

M. Maillard appuie le dire de M. Victor Souchon et propose pour terminer le travail du Congrès sur le projet de loi allemand, de voter le vœu général suivant :

Le 21ᵉ Congrès de l'Association littéraire et artistique internationale, remerciant M. Albert Osterrieth de son rapport si clair et si complet.

Constate avec un vif plaisir les progrès réels que le projet de loi du gouvernement présente sur la législation actuelle de l'Allemagne en matière de droit d'auteur, spécialement en ce qui concerne la protection du droit de traduction, la suppression de la mention de réserve pour la protection des œuvres musicales, l'extension du droit de l'auteur sur tous les remaniements de son œuvre, l'extension de la durée de la protection, la reconnaissance du droit moral de l'auteur et sa sanction ;

5

Mais regrettant que, sur certains points, les droits reconnus à l'auteur soient amoindris par des restrictions nombreuses et excessives, souhaitent que les rédacteurs du projet définitif apportent au texte proposé un certain nombre d'améliorations conformes aux principes qui ont été, à diverses reprises, proclamés par l'Association, et émet les vœux suivants :

1º Que la réforme projetée s'étende à toutes les productions de l'intelligence, et que toutes les dispositions relatives à la propriété littéraire et artistique soient réunies en une seule et même loi ;

2º Que la rédaction du projet soit simplifiée de manière à le dégager de détails trop nombreux et à remplacer les énumérations limitatives par des formules générales, notamment, pour la définition des œuvres à protéger et les atteintes portées au droit de l'auteur ;

3º Que le droit exclusif de récitation en public soit assuré à l'auteur pour toutes ses œuvres, même publiées ;

4º Que tous les articles de journaux soient protégés sans distinction et sans nécessité d'une mention de réserve, en tenant compte toutefois, du droit de citation, dans la mesure des besoins de la discussion publique ;

5º Que la transcription d'une œuvre musicale sur des instruments de musique mécaniques soit interdite, à moins du consentement de l'auteur; qu'en tout cas, le droit d'autoriser l'exécution publique de l'œuvre au moyen de ces instruments soit réservé à l'auteur;

6º Que les restrictions apportées par l'article 26 au droit d'exécution soient supprimées en totalité; subsidiairement, qu'il soit ajouté au nº 1 de cet article, après le mot « divertissements », le mot « populaires », et que la restriction du nº 3 soit limitée aux Sociétés composées de membres exécutants;

7º Que la durée de protection soit uniforme pour toutes les œuvres visées par le projet de loi; qu'elle soit portée à cinquante ans après la mort de l'auteur et que l'attention du Gouvernement allemand soit particulièrement attirée sur la nécessité d'unifier la durée du droit d'auteur dans tous les pays faisant partie de l'Union de Berne, unification qui serait impossible avec un délai inférieur à cinquante ans ou une distinction entre les œuvres littéraires et musicales;

8º Que le délai minimum de la protection des œuvres posthumes soit porté à trente ans à partir de la première publication;

9º Que les auteurs étrangers soient assimilés, en ce qui concerne la protection de leurs droits, aux nationaux allemands.

Le Congrès décide que M. Osterrieth rédigera un rapport définitif résumant les diverses critiques formulées dans son premier rapport et les observations présentées dans les séances du Congrès; ce rapport sera soumis au bureau de l'Association littéraire et artistique internationale, qui le transmettra, au nom de l'Association tout entière, au Gouvernement allemand.

M. POUILLET met le vœu aux voix

Le vœu est adopté à l'unanimité.

M. le chevalier PESCE demande que le Congrès émette un vœu en faveur de la perpétuité du droit d'auteur et que ce vœu soit joint à ceux adressés au Gouvernement allemand.

. M. MAILLARD s'oppose à la prise en considération de la proposition qu'il considère comme inopportune.

La proposition de M. le chevalier Pesce est repoussée à l'unanimité.

M. ISELIN traitant du mouvement législatif en Grande-Bretagne, dit que pour le projet de loi actuellement à l'étude en Angleterre, le Congrès n'a pas été invité à se prononcer, que néanmoins il a cru devoir, d'accord avec la commission du Congrès, rédiger des vœux relatifs à la situation qui sera faite aux étrangers.

Il lit la déclaration suivante :

1º Le Congrès constate avec une vive satisfaction que les projets de loi anglais sur le COPYRIGHT des œuvres littéraires et artistiques réalisent de sérieux progrès et, sous les quelques réserves ci-après formulées, il exprime le vœu que ces bills soient convertis en lois le plus tôt possible.

2º Le Congrès déclare désirable :

a) Qu'il soit adopté une disposition spécifiant en termes précis et conformes à la Convention de Berne les droits des auteurs sur leurs œuvres publiées avant la mise en vigueur de cette convention, et que cette disposition s'applique aussi bien aux pays qui entreront ultérieurement dans l'Union qu'à ceux qui en font partie actuellement ;

b) Que les œuvres publiées avant et après la mise en vigueur des lois nouvelles ne soient pas soumises à deux régimes différents ;

c) Qu'il soit adopté une disposition donnant à tous les auteurs sans exception le COPYRIGHT tel qu'il appartient aux auteurs anglais.

3º Le Congrès charge le comité de l'Association d'examiner les projets de lois susmentionnés au point de vue de leur concordance avec la convention de Berne et de se mettre en rapport avec la Société des Auteurs anglais pour provoquer cette concordance là ou elle fait défaut, comme, par exemple, au sujet de la mention de réserve exigée pour le maintien du droit de représentation des œuvres dramatiques.

La proposition est adoptée à l'unanimité.

M. FERRUCCIO-FOA rapporte que depuis un an, rien n'a été fait en Italie dans le sens d'une modification quelconque de la loi actuelle, mais il croit qu'il est utile de rappeler le vœu voté l'année dernière au Congrès de Turin, il propose de voter la résolution suivante :

Le Congrès émet le vœu que les études sur les modifications à apporter à la loi italienne actuelle concernant les droits appartenant aux auteurs des œuvres de l'esprit soient bientôt terminées et renouvelle le vœu que l'Italie, ainsi que les autres Etats, tiennent compte, dans ces modifications, des principes proclamés dans le projet d'unification des lois sur le droit d'auteur, approuvé par le Congrès de Turin.

Le vœu est adopté à l'unanimité.

M. BAETZMANN, faisant l'historique de la situation des pays scandinaves, dit que depuis trois ans la Norvège est entrée dans l'Union de Berne, qu'elle avait établi dans ce but sa loi d'accord avec le Danemark, que néanmoins cet accord n'avait pas subsisté et que la loi avait échoué devant les Chambres danoises, ce qui avait empêché le Danemark d'adhérer à la Convention de Berne. Il déclare qu'en ce qui concerne la Suède, sa résistance est inexplicable.

Il ne résulte pas moins de la défection du Danemark et de l'abstention de la Suède une situation assez difficile pour la Norvège qui, ayant seule adhéré à la Convention, en supporte tous les devoirs pendant que ses voisins usent de toutes les licences depuis longtemps naturelles.

M. Baetzmann laisse entendre que la Norvège est hésitante et semble disposée à dénoncer la Convention de Berne.

La séance est levée à onze heures et demie.

La séance reprend à onze heures trois quarts.

Président : M. Eugène Pouillet, assisté de MM. le baron de Marshall, Engelhorn, Jules Oppert, F. Desjardin, P. Wauvermans.

M. LE PRÉSIDENT invite M. le Oberburgmeister à prendre place auprès de lui.

M. POUILLET remercie au nom de l'Association M. le Oberburgmeister de Heidelberg, M. le professeur Koch, M. le baron de Marshall, qu'il charge de présenter à S. A. R. le Grand-Duc l'expression des sentiments de gratitude de tous les membres du Congrès pour la sollicitude qu'il a témoignée aux travaux de ses membres.

M. LE BARON DE MARSHALL répond au nom de Son Altesse Royale et au nom du Gouverneur grand-ducal.

M. LE OBERBURGMEISTER prend la parole au nom de la municipalité de Heidelberg.

Puis, M. LE PRÉSIDENT prononce la clôture de la session.

La séance est levée à midi et demi.

Résolutions votées par le Congrès de Heidelberg (1)

A. Revisions législatives et régime de l'Union.

Allemagne.

Le 21e congrès de l'Association littéraire et artistique internationale, remerciant M. le docteur Albert Osterrieth de son rapport si clair et si complet,

Constate avec un vif plaisir les progrès réels que le projet de loi du Gouvernement présente sur la législation actuelle de l'Allemagne en matière de droit d'auteur, spécialement en ce qui concerne la protection du droit de traduction, la suppression de la mention de réserve pour la protection des œuvres musicales, l'extension du droit de l'auteur sur tous les remaniements de son œuvre, la prorogation de la durée de la protection, la reconnaissance du droit moral de l'auteur et sa sanction;

Mais, regrettant que, sur certains points, les droits reconnus à l'auteur soient amoindris par des restrictions nombreuses et excessives,

Souhaite que les rédacteurs du projet définitif apportent au texte proposé un certain nombre d'améliorations conformes aux principes qui ont été à diverses reprises, proclamés par l'Association, et

Emet notamment les vœux suivants :

1o Que la réforme projetée s'étende à toutes les productions de l'intelligence, et que les dispositions relatives à la propriété littéraire et artistique soient réunies en une seule et même loi ;

2o Que la rédaction du projet soit simplifiée de manière à la dégager de détails trop nombreux et à remplacer les énumérations limitatives par des formules générales, en particulier, pour la définition des œuvres à protéger et les atteintes portées au droit de l'auteur;

3o Que le droit exclusif de récitation en public soit assuré à l'auteur pour toutes les œuvres, mêmes publiées ;

4o Que tous les articles de journaux soient protégés sans distinction et sans nécessité d'une mention de réserve, en tenant compte, toutefois, du droit de citation dans la mesure des besoins de la discussion publique ;

5o Que la transcription d'une œuvre musicale sur des instruments de musique mécaniques soit interdite, à moins du consentement de l'auteur ; qu'en tout cas, le droit d'autoriser l'exécution publique de l'œuvre au moyen de ces instruments soit réservé à l'auteur;

6o Que les restrictions apportées par l'article 26 au droit d'exécu-

---

(1) Nous croyons devoir adopter, pour plus de clarté, la classification choisie par le journal *Le Droit d'Auteur*.

tion soient supprimées en totalité; subsidiairement, qu'il soit ajouté au n° 1 de cet article après le mot « divertissements » le mot « populaires », et que la restriction dun° 3 soit limitée aux sociétés composées de membres exécutants (1).

7° Que la durée de la protection soit uniforme pour toutes les œuvres visées par le projet de loi; qu'elle soit portée à cinquante ans après la mort de l'auteur et que l'attention du Gouvernement allemand soit particulièrement attiré sur la nécessité d'unifier la durée du droit d'auteur dans tous les pays faisant partie de l'Union de Berne, unification qui serait impossible avec un délai inférieur à cinquante ans ou une distinction entre les œuvres littéraires et musicales;

8° Que le délai minimum de la protection des œuvres posthumes soit porté à trente ans à partir de la première publication;

9° Que les auteurs étrangers soient assimilés, en ce qui concerne la protection de leurs droits, aux nationaux allemands;

Le Congrès décide que, M. Osterrieth rédigera un rapport définitif résumant les diverses critiques formulées dans son premier rapport et les observations présentées dans les séances du Congrès; ce rapport sera soumis au Bureau de l'Association littéraire et artistique internationale , qui le transmettra, au nom de l'Association tout entière, au Gouvernement allemand.

Grande-Bretagne.

1° Le Congrès constate avec une vive satisfaction que les projets de loi anglais sur le *copyright* des œuvres littéraires et artistiques réalisent de sérieux progrès et, sous les quelques réserves ci-après formulées, il exprime le vœu que ces bills soient convertis en lois le plus tôt possible.

2° Le Congrès déclare désirable :

a) Qu'il soit adopté une disposition spécifiant en termes précis et conformes à la Convention de Berne les droits des auteurs sur leurs œuvres publiées avant la mise en vigueur de cette convention, et que cette disposition s'applique aussi bien aux pays qui entreront ultérieurement dans l'Union qu'à ceux qui en font partie actuellement;

b) Que les œuvres publiées avant et après la mise en vigueur des lois nouvelles ne soient pas soumises à deux régimes différents;

c) Qu'il soit adopté une disposition donnant à tous les auteurs sans exception le *copyright* tel qu'il appartient aux auteurs anglais.

---

(1) Les n°s 1 et 3 de l article 26 sont ainsi conçus :

Les exécutions non consenties par l'ayant-droit ne sont permises que dans les cas suivants :

1° Lorsqu'elles ont lieu dans des fêtes populaires, à l'exclusion des fêtes musicales, ou dans les divertissements de danse;

2° lorsqu'elles sont organisées par des sociétés dont les membres seuls, y compris leur famille, sont admis comme auditeurs.

3° Le Congrès prie le comité de l'Association d'examiner les projets de lois susmentionnés au point de vue de leur concordance avec la Convention de Berne et de se mettre en rapport avec la Société des auteurs anglais pour provoquer cette concordance là où elle fait défaut, comme par exemple au sujet de la mention de réserve exigée pour le maintien du droit de représentation des œuvres dramatiques.

Italie.

Le Congrès émet le vœu que les études sur les modifications à apporter à la loi italienne actuelle concernant les droits appartenant aux auteurs des œuvres de l'esprit soient bientôt terminées, et renouvelle le vœu que l'Italie ainsi que les autres Etats tiennent compte, dans ces modifications, des principes proclamés dans le projet d'unification des lois sur le droit d'auteur, approuvé par le Congrès de Turin.

Russie.

Le Congrès de Heidelberg, se félicitant de ce que le projet de la nouvelle loi russe sur le droit d'auteur se rapproche, en ce qui concerne les nationaux, des lois-types établies dans les congrès de l'Association littéraire et artistique internationale,

Considérant, d'autre part, que la justice, l'intérêt bien entendu, la situation de la Russie et surtout les changements qu'elle introduit dans sa nouvelle loi ne lui permettent plus de méconnaître les principes universellement admis du droit international,

Emet le vœu :

Que les législateurs russes veuillent bien insérer dans la nouvelle loi les dispositions additionnelles garantissant aux auteurs et artistes étrangers, sous condition de réciprocité, la même protection qu'aux nationaux,

Et renvoie le projet russe à la commission nommé précédemment par l'Association littéraire et artistique à l'effet de l'examiner plus à fond et de formuler les observations jugées nécessaires.

B. Résolutions diverses.

I. DROIT MORAL.

1° L'auteur de toute production de l'intelligence (1) a le droit de faire reconnaître sa qualité d'auteur et d'agir en justice contre quiconque s'attribuerait cette qualité.

---

(1) Les termes employés dans cette résolution donnent satisfaction, quant au principe, aux vues exposées dans le rapport de M. Pesce sur la protection des œuvres scientifiques.

2° L'œuvre ne peut être reproduite (1), sous une forme quelconque, sans le consentement de l'auteur.

3° La concession des droits appartenant à l'auteur doit. toujours être interprétée restrictivement.

L'auteur, même quand il a cédé son œuvre, conserve la faculté de faire respecter par les tiers sa qualité d'auteur. D'autre part, il peut s'opposer à ce que le concessionnaire reproduise l'œuvre ou l'expose modifiée ou altérée ou en fasse un usage non prévu par le contrat.

4° Après la mort de l'auteur, ses héritiers, à défaut d'exécuteur testamentaire désigné par lui, ont qualité pour exercer les droits de l'auteur, tels qu'ils ont été spécifiés dans le paragraphe précédent ; mais eux-mêmes ne peuvent apporter à l'œuvre aucune modification qui la dénature, et il appartiendra au tribunal civil, sur la demande du Ministère public, d'interdire la publication ou l'exhibition de l'œuvre ainsi modifiée.

Lorsque l'œuvre sera tombée dans le domaine public, les tribunaux pourront interdire, à la requête soit du Ministère public, soit de la famille de l'auteur, soit d'autres intéressés, toute usurpation de la qualité d'auteur, toute dénaturation de l'œuvre qui serait de nature à porter atteinte à la réputation de l'auteur, ou exiger que les modifications qu'on aura fait subir à l'œuvre publiée ou exhibée soient portées, d'une façon apparente, à la connaissance du public.

II. ŒUVRES DE L'ART APPLIQUÉ

Le Congrès émet le vœu qu'il soit reconnu, par toutes les législations, que toutes les œuvres des arts graphiques et plastiques soient également protégées, quels que soient le mérite, l'importance, l'emploi et la destination, même industrielle, de l'œuvre, et sans que les cessionnaires soient tenus à d'autres formalités que celles imposées aux auteurs.

NOTE

Le Comité de réception d'Heidelberg, sous la présidence du professeur Alfred Koch, a organisé, avec une bienveillance et une cordialité dont l'Association gardera longtemps le souvenir, des fêtes et réceptions d'un caractère tout à fait original.

Ce fut d'abord la visite aux Ruines du Château, dans laquelle

(1) « Reproduire » est pris ici dans son sens le plus général ; il englobe tous les modes de reproduction de l'œuvre, prise dans son ensemble ou dans ses parties essentielles ; il englobe la reproduction d'une œuvre même encore inédite, l'œuvre existant dès qu'elle a pris forme graphique, orale ou plastique. (Rapport sur le droit moral de l'auteur, p. 5).

M. le baron Marshall voulut bien servir de cicerone à une partie de ses hôtes, tandis que notre vice-président, M. Eisenmann, se mettait gracieusement à la disposition des autres ; puis une excursion au Kohlhof, où la municipalité d'Heidelberg a offert aux congressistes un banquet merveilleux.

Puis le Comité avait conçu cette pensée véritablement ingénieuse de montrer à ses invités, après les richesses intellectuelles de l'Académie Ruperto-Carola, les splendeurs industrielles de la ville de Mannheim, ce miracle de l'activité et du progrès de l'Allemagne. C'est avec une véritable admiration que les congressistes ont parcouru, sur le steamer *Deutschland,* les nouveaux ports de commerce que bordent des kilomètres de constructions, magasins et usines.

Ce fut ensuite, à Francfort, une splendide excursion à travers la ville et, au Palmarium, une fête présidée par M. le Bourgmestre, qui souhaita à ses hôtes la bienvenue dans le langage le plus élevé.

S. A. R. le Grand-Duc de Bade avait bien voulu inviter les membres du Congrès à venir à Carlsruhe entendre en son ravissant théâtre un opéra de Siegfried Wagner, *Baerenheuter* dirigé par le célèbre chef d'orchestre M. Motle. Aussi, à Francfort, il leur fut donné d'entendre le chef-d'œuvre de Richard Wagner, les *Maîtres Chanteurs.*

Entre temps, les congressistes se réunissaient à Heidelberg, dans la si curieuse brasserie de Perkeo, où leurs hôtes ne dédaignèrent pas de venir se mêler à eux, et, pour clore le Congrès, un banquet réunit tous les invités et leurs amis de la ville en un dîner d'adieu, à l'hôtel du Prince Karl, où MM. Kuno Fischer, Pouillet, Desjardin, docteur Koch, Eisenmann échangèrent les paroles les plus cordiales et les plus sincères.

Le Congrès d'Heidelberg figurera à l'une des premières places d'honneur dans les annales de l'Association.

CONGRÈS DE 1900

Le Congrès de la Propriété littéraire et artistique est organisé par l'*Association littéraire et artistique internationale* et le *Syndicat de la Propriété intellectuelle.*

La session s'ouvrira le lundi 16 juillet dans le palais du Congrès, à l'Exposition universelle.

Les programmes en seront prochainement publiés.

Mais nous invitons tous ceux de nos collègues qui désirent prendre part à ce Congrès à faire connaître leurs intentions le plus tôt possible.

Ne seront admises au Congrès que les personnes présentées par l'une des Associations organisatrices.

La correspondance doit être adressée à M. Jules Lermina, secrétaire perpétuel, 28, rue Serpente.

Tout concours sera donné aux congressistes pour leur faciliter le séjour à Paris.

En raison des obligations pécuniaires que l'année 1900 impose à l'Association, les quittances de cotisations (20 fr.) seront présentées dans la deuxième quinzaine de février.

Prière à nos collègues d'y faire bon accueil.

A ce numéro du Bulletin sont annexés les rapports suivants :

1° Du droit moral de l'auteur sur ses créations, de M. Georges Maillard;

2° De la protection des œuvres de l'art appliqué, par M. E. Soleau;

3° De la protection des œuvres scientifiques, par M. G.-L. Pesce;

4° Le nouveau projet de loi allemand, par M. A. Osterrieth.

2264 — Société anonyme de l'Imprimerie Kugelmann, G. BALITOUT, directeur, 12, rue de la Grange-Batelière. Paris.

Association Littéraire et Artistique

INTERNATIONALE

FONDATEUR

VICTOR HUGO

PRÉSIDENTS PERPÉTUELS

MM. FRÉD. BÆTZMANN
W. BOUGUEREAU
HENRI MOREL
FRANS GITTENS
MASSENET
LAD. MICKIEWICZ
NUNEZ DE ARCE

FONDÉE EN 1878

FONDATEUR

VICTOR HUGO

PRÉSIDENTS PERPÉTUELS

MM. JULES OPPERT
L. RATISBONNE
PAUL SCHMIDT
ROB. SCHWEICHEL
GIOVANNI VISCONTI-VENOSTA
BARON DE ROLLAND

Membres protecteurs :

S. M. LE ROI DES BELGES   M. LE PRÉSIDENT DE LA RÉPUBLIQUE FRANÇAISE
S. M. LE ROI D'ITALIE   S. A. R. LE PRINCE DE GALLES
S. A. S. LE PRINCE DE MONACO

Secrétaire perpétuel : M. JULES LERMINA

BUREAU DE LA SESSION 1899-1900

Présidents :

MM. EUGÈNE POUILLET, MARCEL PRÉVOST, GIUSEPPE GIACOSA, GUSTAV DIERCKS, E. VAN ZUYLEN.

Vice-Présidents :

MM. MAX NORDAU, ACHILLE HERMANT, ARMAND OCAMPO, GEORGES MAILLARD, P. WAUWERMANS, ERNEST EISENMANN, LUCIEN LAYUS, JOSEPH KUGELMANN, PAUL ŒKER, E. HALPÉRINE-KAMINSKY,

Secrétaire général :

M. ALCIDE DARRAS. — *Adjoint :* M. JEAN-LOBEL

Secrétaires :

MM. ALEX. DJUVARA, PH. DUNANT, AUG. FERRARI, DE CLERMONT, ED. DE HUERTAS, G. HARMAND, J.-F. ISELIN, HENRI LOBEL, MAURICE MAUNOURY, A. OSTERRIETH, A. VAUNOIS, E. RŒTHLISBERGER.

Troisième Série   **N° 9**   **Janvier 1900**

COMPTE RENDU DU CONGRÈS D'HEIDELBERG
Septembre 1899

SIÈGE SOCIAL

Hôtel des Sociétés savantes, 28, rue Serpente, Paris.

1900

CONGRÈS DE L'ASSOCIATION

1879 — Londres.
1880 — Lisbonne.
1881 — Vienne.
1882 — Rome.
1883 — Conférence de Berne.
1883 — Amsterdam.
1884 — Bruxelles.
1885 — Anvers.
1886 — Genève.
1887 — Madrid.
1888 — Venise.
1889 — Paris.
1889 — Conférence de Berne.
1890 — Londres.
1891 — Neuchâtel.
1892 — Milan.
1893 — Barcelone.
1894 — Anvers.
1895 — Dresde.
1896 — Berne.
1897 — Monaco.
1898 — Turin.
1899 — Heidelberg.
1900 — Paris.

Nous rappelons aux membres de l'Association qu'il a été publié par les soins du Bureau une histoire complète des travaux de l'Association et des Congrès de 1878 à 1889. Cette histoire forme un volume in-18, cartonné, dont le prix est de 4 francs, rendu franco.

Les membres de l'Association qui ne seraient pas munis de leur diplôme peuvent se le procurer au siège de l'Association, moyennant un droit de 10 francs.

www.ingramcontent.com/pod-product-compliance
Lightning Source LLC
Chambersburg PA
CBHW070917280326
41934CB00008B/1759